Welcome

博客思出版社

Decoupage

蝶古巴特

雙圓的生活美學

圖·文 謝圓圓

雙園女的藝想世界

認識圓圓大概四年了吧！愛漂亮的女人，我想都不願意讓人稱之爲圓圓（尤其體態）。而她卻甘之如飴般的喜樂！我想：是什麼樣的女人啊！

第一次的相遇，我和三兩讀書會姐妹造訪……阿里曼人文咖啡。外觀上它並沒吸引我，逐漸的發現它的取材、設計、裝扮……無不吸引我，讓我想認識主人爲何人？接下來，出現的是滿臉笑容、隨和、輕鬆裝扮的圓圓女。娓娓道來她之所以由北（新竹）南下（草屯），如何選了這塊地，又是如何的建造。訴說了一對爲人父母的用心，如何爲傳承而努力，一家四口爲家的努力而團結的感人故事。

而餐廳的樓下才真是一塊寶藏處，圓圓帶我們尋寶，第一眼就被美麗的圖案深深吸引，好像進入了愛麗絲夢遊仙境；有著羅密歐與茱麗葉的情史、茶花女淒婉的愛情故事、小婦人家庭的愛情故事、木偶奇遇記、白雪公主……整個蝶古巴特教室都像對我爭著低訴她們的故事。又好像看到好多姐妹們認真剪著圖案，偶而輕輕低語、時而歡笑滿屋、時而鴉雀無聲。

不禁對圓圓更好奇，她……到底還有什麼法寶呢？

我霎時了解，蝶古巴特原是可讓人進入浪漫時光、是可以讓人與人之間的情誼長存、是可編織夢、更是可以讓很多感動的故事流傳下去地……

讀書會帶領　廖月嬰

懂得美，才能過得更像人

近幾年來，台灣經過了種種經濟發展的階段，每個人除了努力工作賺取更多的錢之外，追求生命的價值也成了新的課題。

在我開始工作時，人生很重要的目標是爲了追求財富和工作成就，通常早上九點開始工作，晚夜十一點以後才下班。在那個瘋狂追求金錢的階段裡，沒有時間談戀愛，沒有時間郊遊嬉樂；沒有時間和家人聚會，沒有時間

藝術都是人的故事，對生活美的感受。
阿 里 曼 人 文 咖 啡 館

想自己到底要什麼？唯一犒賞自己的是：買房子、買車子、買名牌，用世俗的模式展現工作能力和工作成就，但除了虛榮的以爲贏得別人的敬重之外，其實最基礎的生活耐心都沒有。

真正的美，作假不得

我原來希望的藝術是能恢復人的品味和人的感覺，但他們接觸了這些東西卻沒有感覺，像有些企業會固定舉辦一些音樂會，但他們卻沒有辦法進入那個世界。所以我現在希望向大家說的是「人的原點」，當我們失去了人的原點，談所有的美都是假的。

我有一個朋友，住在信義路上億元的豪宅，找了日本最有名的設計師來裝潢，但有一次我去他家，發現他住了兩年，可是廚房裡所有進口廚具的膠膜都沒撕掉。他的房子只是一個 showroom。可是家不是 showroom，家是讓你可以放鬆自在、活得像人的地方，家是因爲住在裡面的人有自己的渴望、自己的感覺，才會有自己的風格。如果主人對這個家沒有意見、對自己的生活沒有看法，只想告訴別人買的是義大利最貴的床，那只是作假給別人看。你可以在家裡放很多明式家具，很美；你喜歡家裡很空，也很美；但這裡面的難度是你到底要什麼，如果你不知道，你找再有名的建築師設計都是假的，你怎麼樣回來做自己，才是最難的功課。

我自己是住在彰化芬園，當時會在那裡買地建房，是因爲覺得一整片稻田好漂亮，房子由我自己設計的，善用那裡的美景，窗戶建得很大，我在工作室或房間裡就覺得好棒。所以我留了一個跟窗外景色相連的，夢想自然美學的大窗，而且全部是往外推的推窗，比拉窗更有靠近自然的感覺，還架出一個小陽台，所以我可以坐在小欄杆上看雲和一整片稻田只有兩公尺的距離。我也不喜歡隔間，設計師我用高度界定出三個不同的區域。我家最高的地方是餐廳，朋友來的時候坐在最高的地方喝咖啡；最低的地方是書房及工作室，我在那邊看書和放空做自己；再次高的地方是我的想像空間。我覺得這是我的房子、我的家、我是主人，我知道我要什麼。

在穿著上，我喜歡純棉、純麻，因爲我覺得它們很溫暖，材料本身有觸覺上的記憶，在排汗、吸汗的過程也非常舒服。加上我喜歡到處走走、喜歡躺在草地上、喜歡在海灘捲起褲腳踩水，我喜歡這樣的生活，所以我就有我服裝的特徵，名牌就不適合我，因爲我喜歡自在。找回人與人之間的感覺。

我現在不問伙伴們有沒有去聽音樂、看展覽，反而是問他們：「你們在這裡工作五年了，有沒有人可以告訴我公司門口那一排是什麼樹？」但很少人能夠回答的出來。事實上，我們公司門口那排軟枝櫸木的葉子漂亮得不得了，綠色會在陽光裡發亮。後來我回去，就有一個員工和我說：「謝謝你告訴我這件事，我現在下班時會先看看軟枝櫸木再回家，所以比較不會和太太吵架了。」

他也問我現在五歲的女兒將來該學鋼琴，還是小提琴，但我建議十一點下班的他多抱抱女兒，比較重要。因爲所有的藝術講的都是人的故事，一個孩子如果不記得父親的體溫，她將來看畫、聽音樂都沒有感動。如果沒有人的記憶，所有藝術對她而言都只是賣弄而已。

我們從年輕開始，就因爲工作忙碌，忽略了人與人的感覺，但工作忙碌之餘，你還是一個人，你必須每分每秒提醒自己回來做人的部份。你看到了美，才會覺得這個世界是值得活下去的。如果你看到的只是品牌、只是假的美，你不見得快樂，那反而可能會是你憂鬱症的原因。

找回美的感覺其實很簡單，去觸摸一片葉子，去聞一下在很熱很熱的夏天、下完午後暴雨的氣味，那些都我們有記憶的感覺，那都會引發我們的感觸和感動。現在美常常成爲新的知識、新的壓力，博士可能毫無美感，但一個不識字的美濃農夫卻可以很美，他看得到月光的美、看得到稻浪翻飛的美。

美是最大的財富，它不會因爲你的學歷而不同，而是因爲你人的部份完不完整而不同。週休二日，回來做自己，現在台灣過週休二日，好像非要全家去吃一個餐廳、到哪裡去看薰衣草、喝咖啡，全部整套，然後全部的人塞車塞到一肚子氣。我們對休閒的定義是滿僵化的，好像一定要別人服務我們才算是休閒。

我自己假日的時候喜歡自己一個人做四菜一湯，因爲我覺得做菜好快樂。我也很喜歡在週休二日洗我自己最喜歡的純棉的、純麻的襯衫，絕不丟給洗衣機，因爲我覺得觸感好極了。看到它們晾在陽光裡、在風裡飄，白的好漂亮，我的週休二日就很快樂，因爲我回來做自己。在七、八月，民生東路六段有全台北最漂亮的大花紫薇，即使有車可開，那時候我也絕對要走路，這些是讓我最快樂的事，這才是人。如果我們吃得不像人，穿得不像人，生活都失去了人的意義，那談藝術太遙遠。

我談我的生活，並不希望別人學我。每個人是不一樣的，不要隨便相信價格、人云亦云，生活中的美學，應該是不按照別人安排的。每個人應該用自己的生命，去創造自己的生活美學出來。

阿里曼人文咖啡　謝圓圓

美不是一切，但一切皆可包含美！

我是一個蝶古巴特的教學者，蝶古巴特嚴格說來只是一種重組的技法而已，雖然它看起來似乎很簡單，但同樣的素材交給不同的人，重新拼貼出來的世界卻大不同！

爲什麼相同的素材，每個學生做出來的作品，都有各自內心世界的不同？那是因爲每個人的特質不同、程度不同、技法不同、用心不同，對美的感受和素養也不同，由於這些不同，做出來的作品相對也不同。

為什麼同樣沒有美學基礎的人，作品的美感也可以天差地別呢？最後我得到一個答案，那就是個人的美學素養不同。有許多有錢人，和許多高學歷的學習者，在學習過程中，他們也許學得很快，但做出來的作品卻不一定有一定程度的美感！為什麼人要有美學素養呢？美學對人生到底有多重要，最直接的影響應是一生的幸福吧！

美是一種你看不出具像的東西，但是卻絕對是感受最直接的東西、美的藝術品、美的衣服、美的女人，美是什麼呢？美其實是一種好的感受，不管是視覺的、聽覺的、還是觸覺的，它是所有好的代名詞。如果一個人有美的素養，在平凡中也能超越所有平凡，讓一切平庸的東西都變得有好的感受與結果。例如，一個男人和一個女人在一起，如果二個人為了一件事在爭執，爭執有如開戰，戰爭往往就是要爭個你死我活，非分個勝負不可，但是若有一個人很有美學素養，說話的方式很溫和、眼神很柔和、長得很美麗、態度也很柔和，此時爭吵或許可以轉換成一種和平的方式來處理？

人生的過程中，追求圓滿是你也是我的目標，處理人與事的問題，如何做到雙贏的圓滿？是每個人，人生的課題。出版這本書目的無它，希望推展生活美學概念，讓美充滿在每個人的概念裡，用美的方式來處理生活的人與事！讓人生更美滿幸福！

阿里曼人文咖啡　謝圓圓

蝶古巴特雙圓的生活美學 目錄

第2部 世間男女 76

第3部 憂鬱年代 128

第4部 缺角娃娃的愛 150

第1部

美讓生活不止是生活

「Decoupage」的裝飾藝術是工匠們複製知名畫家作品，仿亮漆傢俱，讓不是貴族的一般大眾都能夠擁有典雅的藝術家俱，史稱「L'arte del povero」窮人之藝術……

101 窮人也需要藝術

「Decoupage」蝶古巴特在法文裡，是指將美麗圖型經過剪裁，重新拼貼裝飾於家俱或生活用品上，是一種豐富的創意設計裝飾藝術。這和十二世紀左右東方國家剪紙藝術用於門窗、燈籠、器具有相同的功用。

西元十七世紀末，東西往來貿易漸漸興盛，盛行於中國的珍貴家俱圖繪漆器，也隨著商人經貿進入歐洲市場，由於漆器的精美藝術價值，引起歐洲上流社會的熱愛，一時成爲富貴的象徵，中國漆器之美也風行於歐洲。

對於這種東方意境的圖繪漆器，裝飾於家俱或工藝精品成爲時尚。當時意大利威尼斯的傢俱工匠們，爲供應龐大的訂製生產需求，倣傚東方漆器的製作原理研發出蝶古巴特「Decoupage」的裝飾藝術製作形式。工匠們將知名畫家的手稿作品，仿造量產「Lacca contrafatta」仿亮漆傢俱，讓不是貴族的一般大眾都能夠擁有典雅的藝術傢俱，史稱

「L'arte del povero」窮人的藝術。

西元十八、十九世紀期間在歐洲，「Decoupage」廣泛流行於日常生活中，更成爲歐洲貴族們的一種消遣休閒活動。尤其是在法國，法王路易十六的皇后瑪麗．安東妮的宮廷仕女們，時興將 Watteau 華鐸、Boucher 布雪等法國知名畫家的翻版印刷畫，拼貼裝飾於帽盒或裝假髮的化妝箱上。由此時尚發展出「Decoupage」的法文專有名詞。至今仍可在歐洲美術館典藏的一些古董櫥櫃家俱上看到「Decoupage」的裝飾藝術。

西元十九世紀英國 Victorian（維多利亞）時代，創立著名的維多利亞

「蝶古巴特」蛻變的更多元且環保，更簡易便利製作，集美學與實用功能的創意休閒的生活藝術。

裝飾風格，衍生出現代「Decoupage」的裝飾形態。歷經幾世紀的人文變遷，東西方文化不斷的交錯融合，「Decoupage」歷久彌新。近幾年，隨著現代科技的研發及各國藝術家的加入，「Decoupage」已然蛻變的更多元且環保，更簡易便利製作，集美學與實用功能的創意休閒的生活藝術。（關於蝶古巴特資料引用自維基百科．洛可可藝術）

由蝶古巴特美學的發展過程可以知道一件事——窮人也需要美學。人類對於美的追求，是不分古今、也不分中外、不分貧賤、也不分富貴的，對美的渴求不止來自於對別人，也來自對自己的要求，因爲美是一種好的感受，它讓人愉悅，它讓人快樂，它讓人感到幸福與滿足，如果生活中充滿了美的因子，吵架會因爲美好的用字而變成輕聲細語，粗暴會因爲柔美而變得祥和溫柔，討厭會變喜歡，仇恨會變溫暖，因爲有美讓人幸福與滿足。

雙圓女是蝶古巴特的愛好者，也是蝶谷古巴特美的追求者，據多年教學的經驗，想和你一起欣賞美，也一起追求生活的美。

雙圓女　於阿里曼文人咖啡館

102 大衛的等待

這幅在牆邊的蝶谷古巴特作品——大衛的等待，其實雙圓女做的還不錯，只是拍照者的技術彷彿不是很到位，對蝶古巴特作品來說，有點好又有點不好！

這幅大衛的等待，裸身的大衛，看似倦怠的身體，是剛奮鬥結束，還是等待靈性合一的到來，到底在等什麼？

對於情愛男人往往是畫裡的大

衛，裸身是一種對情感的坦白，赤裸的想把自己最深的需求，用肢體和表情訴說，眼裡的渴望，真的不是言語說得出來的，胸前的六塊肌有著力與美，那是過度渴望有人了解，有人安慰卻得不到靈性的交流狀態，可以無需透過語言和承諾，可以靠近大衛（男人）最深的心？

有些女人，只想要男人口裡的承受，卻無法用心感知男人肢體發出來的需求，女人甚至永遠不會懂男人這樣裸身坦白的愛情其實要的只是——走過來，靠過來，用心靠過來，用最簡單直接的方式，把心印在男人的心上而已。只要女人用最直接和最真誠的心貼過來，即便是垂死的大衛也能立刻重燃戰火，奮起再戰。

但往往女人卻不以愛爲愛，在愛前面先把生意做好，該談的條件永遠不會少，該要的富貴，該要的榮光，還有那該要的驕傲在愛情開始前，已用十把秤跎把男人打量了又打量，以保險加保證絕不會吃虧的情況

下，蹺起高傲的屁股，未說出口的，仍有說不完的慾求，等著要男人承諾與支付，如果男人付不起，或者大衛（男人）想追問：愛情難道是生意？那女人肯定聽不懂大衛到底在講什麼？

女人不懂男人倦怠的身體想要的是什麼沒有關係，大衛（男人）或許會失望，大衛或許很無力，但這些對裸身的大衛來說，情慾的火種卻從沒有死寂過，斜倚在牆角裡的身形，隨時隨地慾望會被激起，慾望也將得到釋放，不管到最後來的女人是懂他還是不懂他的，遊戲的完美是必須的……

103 關於「手作」藝術

自從蝶谷古巴特成爲全民運動之後，上自達官貴婦，下至勞工學生，沒有那一類的人完全不喜歡蝶谷古巴特藝術創作的，蝶谷古巴特在台灣，真的蔚成風潮！

前一陣子大家都在瘋蝶谷古巴特，一如以前大家都瘋蛋塔一樣，沒把它做到爛，或做到特別，就不符合台灣一窩蜂熱，熱到把東西做到爛的民粹了，意思是——也就愧對這股蝶谷古巴特瘋潮了。

這還不算什麼，最特別的是，很多人

標榜自己做的蝶谷古巴特各種作品，叫做：「手工創作」，或叫「手工蝶谷古巴特藝術創作」，但這個名稱讓雙圓女開心到不行，甚至笑到快岔氣了，嘿嘿！手做……手工做……手創……還有首創……這樣的用詞遣字到底是什麼意思啊？！

別說蝶谷古巴特創作啦！就算其它創作好了，人們總是特別喜歡強調「手工」做的，例如手工包子、手工饅頭、手工袋子、手工……好像一強調手工做的，東西的價值立刻就增進十倍了，但藝術這種東西不是手做，用手做……難道是？爲什麼要特別強調手做呢？

如果一件藝術品是量產的，我想大家應該是會懂和了解的？既然用眼睛都看得出來，藝術創作都是創作者用心、用巧手做的，即使是電腦中的繪畫，也是用手動滑鼠畫的，那爲什麼要強調

他的作品是手做的呢？

何況藝術品或其它手工創作用品，手不手工，其實不是第一要件，最重要的是，不管用什麼做的，作品要做得好除了，讓作品有好品質最重要更需要故事傳達。才能做出有表現，有品質，有藝術價值的作品我覺得才是重點。想要做出這樣的作品，是需要努力和用心及無限的想像不然是不可能的。

一個產品之所以有價值和價錢，主要靠的除了材質好之外，還要有專業知識，甚至時代特色與創意，才能在同類產品中脫穎而出，好像只要是手工作的就能價值連城一樣，但事情真的是這樣嗎？那要請問一下，以半手工做的ＬＶ包包想要擁有的人多？還是路邊五十元手做手工包，令你開心呢？

蝶古巴特創作也是如此，重點要強調的是，創作時的環境，創作者的心境，創作者的美學概念，和教學者美的想法、創作故事概念，才是決定蝶古巴特作品好壞的種種美學細節與內容，而不只是……手做……或手工做而已。

阿 里 曼 藝 術 工 房

History

104

花朵裡的雙晶天使

蝶古巴特爲什麼這麼迷人？

蝶谷古巴特拼貼在全台，大到大人，小到小孩，南到最南，北到最北，全台幾乎沒有地區沒有蝶谷古巴特教學，蝶古巴特活動和蝶古巴特作品。爲什麼這個小小的拼貼藝術，會讓全台的人們瘋狂呢？

雙晶是寶石礦物的結晶習性，雙晶現象常在有色寶石上產生星線（蛋面寶石正對光源時，有星光現象，讓寶石看起來十分耀眼），但寶石中有雙晶結晶習性卻非常稀少，這和蝶古巴特的特性有點像。

爲什麼說有點像呢?因爲寶石有雙晶現象時，它所展現出來的星紋在交會處，光芒會聚焦在一起，再向四方或六方射出去，星線可以增加有色寶石的艷麗，十分美！

蝶古巴特美好的視覺效果，讓人看起來就舒服，這像寶石礦物的雙晶現象，讓寶石更美一樣。

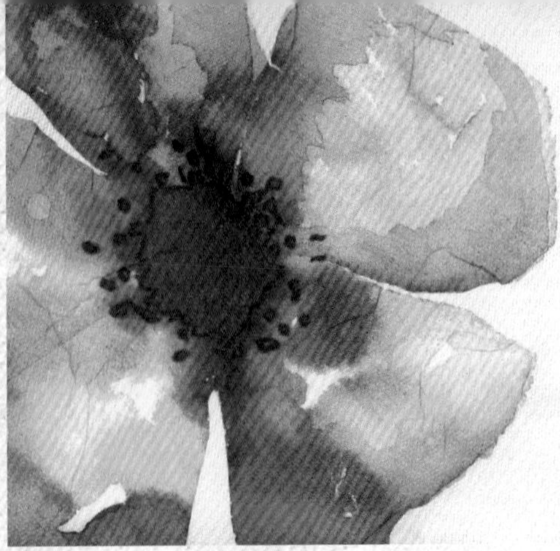

蝶古巴特之所以迷人，因爲它獨特的歐洲繪畫的華麗之美（紙上的圖案），十分吸引人，而其材料上的美，多數來自歐洲，在一定品質的圖案上，原本就已有一定程度的美學藝術了，那種美好的視覺效果，讓人看起來就舒服，這像寶石礦物的雙晶現象，讓寶石更美一樣，只是，這樣的圖案一旦剪下，重新貼到袋子上、包包上、椅子上、桌子上……等重新拼貼時，就等於要重新創作了。

當您重新拼貼蝶古巴特作品，問題來了，新蝶古巴特要拼在作品上，要如何配色？要如何構圖？要如何用心用力？把感情和心思都放下去，全心來創作，這才是蝶古巴特作品的重點。

如果你在蝶古巴特圖案，和新材料間沒有以上的努力和功力，那就就像雙晶現象一樣，受到環境的改變，溫度的改變，擠壓等……這顆美麗的星石就破裂了……蝶古巴特材料圖紙一不小心同樣也就破裂了。

蝶古巴特因爲美而迷人，但如何拼貼會讓它更美？一如追求生活的美，美中還可以求更美！

機 能 實 用 包 款

雙圓女蝶古巴特學生作品——

各類實用包款，提包、杯包、水壺袋。

105

垃圾堆裡的女孩

這支蝶古巴特澆花器，那個女孩，可愛而天真的女孩，就算在垃圾堆中，小女孩的心仍純真的散發光芒，那是一種帶著快樂和希望的蝶古巴特作品……

這幅垃圾堆裡的女孩，周圍環境的好或壞，和純真快樂的心一點關係都沒有，有錢和沒錢、好環境和壞環境，外在的景象，和內心的世界沒有存在著必然的關係！就像這幅蝶古巴特作品，衣著襤爛的小女孩，和一堆垃圾在一起，看那女孩臉上在笑、手也在笑、腳也在笑……垃圾堆於是也跟著笑了……這幅作品看起來，充滿快樂和美，是一幅好到不行的蝶古巴特創作作品。

相對這支蝶古巴特澆花器裡的奇幻世界，現在社會上的人們，每天爲工作、爲地位、爲名、爲利……爲了想擁有更多錢，爲了滿足不了時時興起的慾望，沒有快樂可

言，腳不會笑、手不會笑、臉也不會笑，甚至許多所謂的精英份子，忘了該怎麼對人微微笑，那樣即使賺有更多的錢，更有名，更……就能感到更快樂幸福嗎？人生一世間難道就是爲了追求一張張緊繃的臉孔而已嗎？

這個垃圾堆裡的女孩，處身在垃圾堆裡，卻因爲有一顆能欣賞美的心和一顆能創作美的能力，即便週遭環境惡劣，仍不減品味心中的美好，而一張張汲汲求利的人，曾幾何時可以停下腳步，能有空閒的心，有能力欣賞一件美的作品？

沈浸在蝶古巴特的創作裡，雙圓女快樂嗎？作品裡有答案哦。

106 蝶古巴特已是全民運動

這是大小圓女的蝶古巴特作品，有點歐洲貴族風的蝶古巴特澆花瓶。

微黃的手把，搭配內部的淺藍，有點像羞的少年；而外部的花朵像嬌艷的少女，當少年遇到少女，一雙豐盛的情感之旅就在蝶古巴特澆花瓶上呈現出來了！

這款的蝶古巴特澆花瓶，天空是那樣藍，正像一雙鴛鴦的情正熱，熱——在心裡，表面還在——ㄍㄧㄥ咧！但兩人的濃情和躍躍欲試的心，沒有好好愛一場，是無法冷卻的！

蝶古巴特澆花瓶。

簡單的蝶古巴特剪裁的花朵，讓作品色彩更飽滿。

蝶古巴特在今天台灣，已經紅到夯到不行了！各種蝶古巴特的作品都出籠了，例如蝶古巴特做的桌子，蝶古巴特拼貼的包包，蝶古巴特做的盤子，蝶古巴特做的圍裙，蝶古巴特做的澆花器，蝶古巴特的杯子，幾乎生活中無處沒有蝶古巴特的影子，這真是一場全民運動啊！

而學習蝶古巴特的人大到大人，小到小人。哦，不，是小孩，貴到貴婦，嬌到女工，人不分年紀大小，地不分東南西北，每個地區，每個角落都有蝶古巴特迷。啊！這是怎麼一個運動啊！？文藝復興？再一次的文藝復興在台灣嗎！

一種東西能夯到如此的如火如塗，通常只是暫時的，相信很快那股熱潮就退卻了，因爲它就像愛情，一時激情的人多，但想要愛到天長日久的人少，畢竟想愛到天長地久，需要的不止是一時的熱情，更需要真正的美學素養，而培養美學素養，一如培養愛情，是需要花時間，花精神，而且要發自內心真正的熱愛！

107 不一樣的上班，一樣蝶古巴特的異想

蝶古巴特大圓女如是說：

創作是一種病，一種自己無能爲力，無法制止的病！不管上班或上課，只要一牽扯到蝶古巴特的創作慾，大圓女就失控到不能自己。

對於台灣很多人來說，上班可以整天想工作內容，上課只依課本走，但是對於大圓女來說，蝶古巴特已佔據了她所有心思，不管她的阿里曼人文咖啡館有多忙，不管他其它教學有多累，她完全無法控制的是蝶古巴特的創作慾！

對於多數從事蝶古巴特拼貼來說，是個很簡單的工作，只要剪好圖案，用對材料，有好的膠水，定位工作好一點，蝶古巴特拼貼就完成了！可是對雙圓女來說，尤其是追隨過名師薰陶過的大圓女來說，她教的蝶古巴特硬是和別人不同，因爲她從美學的角度入手，以創作的心態在做，所以做出來的作品，是另一個藝術創作，而不是只是簡單蝶古巴特拼貼而已。

大圓女的情況其實有點嚴重，因爲最近，她不止在教學時想蝶古巴特，在走路、在工作中、在教課時，無時無刻不想創作這件事，如果再創高峰？用什麼樣的材料來試？能創作出什麼樣的作品？這些蝶古巴特的鬼魂，時時刻刻不放過她！

真正的創作需要更多冥想，是不分時段的！您是否也正被創作慾控制呢？例如：室內設計創作、木工創作、飾品創作、拼布創作、羊毛氈創作、繪畫、書法、音樂、創作慾是濛神，隨時找上您。嘿嘿！哈哈！

108 七朵花，也是一種幸福

幸福是什麼？每個人的幸福都不一樣，有些人有錢才幸福，有些人有名就幸福，蝶古巴特大圓女神經通常比別人大條一點，有幾朵花就幸福了。

雙圓女其實也算小有才華，因爲本身是學設計出身的，在巴黎時受過短期美學教育，所以有獨到的眼光——怪怪的和別人不同。

那天大圓女的朋友來找她閒聊，與其說是閒聊，不如說她的朋友來訴苦！大圓女的這位朋友，是中區某大企業的董娘，不但一手經營全台最大XX代理商，而且還一手掌管老公的心智大全！心智大全說的是：她老公是一個完全依她需求定做的老公，老公除了每天工作之外，最大的犒賞就是晚上她陪睡！

因爲在這位董娘的想法裡，她老公既有吃，又有工作，晚上還有人陪睡，看著他們

先要有個美好的心，臉上表情才會變美好。

的存款數字不斷攀新高，人生就充滿了幸福！

但她老公的想法和她有點不同，老公雖在她的淫威之下，但外面女人一個換過一個，從來沒有因爲她的咆哮而有所改變，而且隨著外面女人的溫柔，也越來越不想留在公司和家裡，甚至希望到外面去發展！

今天她又來找大圓女，但不是爲了學蝶古巴特，而是想來請教怎樣才能把老公拉回家來？

大圓女今天不和她談如何拉老公回家，只笑盈盈的教她做蝶古巴特，教她如何選擇圖案、如何裁剪、如何構圖……要她把心放下來，生活步調也放慢下來，並且要她做到先要有個美好的心，臉上表情才會變美好，如果沒有美好的心，再好的保養品也掩蓋不了臉上的厲氣！

微微笑開始幸福

微微笑就可以開始幸福了。

二人做了一個下午的蝶古巴特拼貼之後，大圓女才說：妳要幸福嗎？幸福很簡單，下午妳做好的七朵蝶古巴特拼貼的花，就有幸福了！今天回家只要把這七朵花拿給老公，並且對他微微笑就好了！如果妳要幸福，從今後先把自己的嘴巴閉上，那些平日看他不順眼說的話都先省下，暫時當個啞巴，只要微微笑……微微笑就可以開始幸福了，就像這七朵花盛開的蝶古巴特花。

美，從心先有美感開始，心裡有一個美的畫面出現了，臉上就有了微微笑的表情，嘴裡就有了美好的語言，如果心裡沒有美好的畫面，說的做的結果也就不同了。

109

相看兩不厭，幸福對話不必花錢買

雙圓女蝶古巴特教學坊，主要有二位老師和很多成員，二位老師中身材較圓的，人稱大圓女，嘿嘿！那是我；另一位面目姣好，氣質高貴的，人稱小圓女！爲了追求人生更圓滿，我們二人組成了雙圓女蝶古巴特教學坊！

話說那天，大圓女的出版社朋友從台北殺下來，想要見識一下氣質高貴的小圓女，並且想來談談雙圓女蝶古巴特出書的問題！

一大清早大圓女和出版社女拜訪小圓女。

一大清早大圓女到台中高鐵站，載出版社女拜訪小圓女教室，一路兩人沒話中找了幾句閒扯淡，結果那個出版社女一進到小圓女家，看見小圓女家歐式的裝璜，客廳中擺了張大緹花布大沙發，配上舒適的地毯，四周木製家俱，牆上和櫃中各有幾把小提琴，一旁的長條型餐桌和琉理台，一煞時雙眼發直——看呆了！但這也不能怪出版社編輯大現實，畢竟在台灣，一般家庭中這樣的佈置也太少了吧。

主人小圓女夫見到我們來，殷勤招待，略略參觀之後，爲我們解說各種主人夫的木工和蝶古巴特創作，從他的作品中可以看見他創作的路程，有簡略的、有繁複的、有巴洛克式的、有羅馬圓柱的……甚至非洲、南美洲的元素都融入創作中。

好不容易小圓女回來了，帶來了各種吃的東西，於是我們便在主人夫的伯爵茶和小圓女的各式點心中分賓主坐定，開始了互相認識的話題……幸福卻在這時悄悄來了。

幸福不是在小圓女家的歐式裝璜中，幸福也不在名貴的小提琴上，幸福不在蝶古巴特和各式主人夫的木工創作裡而已……幸福在小圓女和小圓女夫的對話上……

對話！兩個人說說話，有什麼幸福可言呢？嘿嘿……幸福其實就在平淡無奇的對話裡。

小圓女夫（主人夫），是個有點年紀又不太有年紀的男人，說他有點年紀，那是因

幸福在平淡對話中

爲他大約有四十幾歲吧；說他不太有年紀，那是因爲主人夫的種種行徑，會讓你以爲遇到了一個頑童，一個有赤子之心的頑童……

我們和主人夫三人分坐長條桌的兩方，小圓女對坐在出版社編輯旁，和主人夫斜對坐，四人談起話來較方便，他們三人談得可開心，我的距離相對主人夫和小圓女就遠了點，所以話題就在他們三個人之間轉來轉去，而我只好旁觀他們。

嘿嘿……這時我忽然發現，主人夫每講一句話，不管是針對出版社女，或針對小圓女，甚至針對我說話，都要抬頭望一眼小圓女，每講一句，望一眼……至多講二三句，主人夫一定要看一眼小圓女，那怕是主人夫和出版社女談得很切題時，還不忘再望小圓女一眼……而小圓女偶爾也回望一下主人夫……後來主人夫發現小圓想吃水果，主人夫竟不顧和朋友甲正談著話，話題還在延續中，主人夫已一邊談，一邊拿起水密桃餵小圓女吃，那種專注小圓女，沒有一絲遺漏小圓需求的感覺。真讓人感嘆怎會有這麼在乎自己老婆的男人啊！對於眼前小圓女和其夫的恩愛景象，我真的不敢置信，趕緊用指甲掐進肉裡，看會不會痛啊……真的耶！

哇咧……這是什麼情況啊！？他們不是已經結婚十數年了嗎？怎麼還像小龍女和楊過啊……即使大敵當前，心裡仍只有彼此，這樣有看見幸福的樣子了嗎？

不知道的是：小圓女的魅力是怎麼練就的？小圓女就是這樣一個可以創作美感的人，如果你要學蝶古巴特，也該向一位有美學內涵的人學，而不止是跟著人胡亂拼貼而已。因爲老師帶給你的不止是技法，還有欣賞美和創造美的素養。

110 蝶古巴特的好女人

小明的媽媽是個優質好女人，所謂好女人就是：一路從明星國小、國中、高中、大學到雙B，都是令人淺慕的高社會標準！她學歷好，學位好；工作好，待遇好，職務好，衣著好，面目也姣好！對於古往今來人生大道理尤其講得好！面對這樣一個好媽媽，照說小明和小明的爸爸應該是全天下最快樂幸福的人了吧！

是的，生活在這樣一個優質好女人所建造的家庭裡，確實是人人稱淺的！只

是，由於小明的媽媽實在是個太好的女人了，所以她時常很擔心小明的功課、小明的交友、小明的興趣、小明的健康、小明的價值觀……尤其面對小明幼稚的喜好，例如：小明喜歡航海王，立志要成爲海賊王……這樣的行徑，小明媽就快捉狂，因爲她覺得看電視已是浪費時間，看漫畫更是無益國計民生，小明卻每天花大把時間沉迷在裡面，小明媽看了真是擋不住自己的憂心，於是大叫：「小明……不要再看了……趕快做功課，趕快去補習，趕快……快點……」如果小明稍有不耐，小明媽更會大叫：「我是爲你

好……不知感恩……XX……DD……」於是小明的宿命就是——每天要忍受小明媽講不完的各種成功大道理，不斷講各種道理，講相同道理……講一堆永遠講不完的人生大道理……

至於小明爸的日子，比起小明來，由於小明媽愛老公更甚於愛小孩，所以小明媽爲他設想的事就更多了，從小事吃飯穿衣，大事交友工作，舉凡生活中的每件事，小明媽沒有一件事不爲小明爸好，所以更研究了更多道理來幫助小明爸成功……這些大道理早晚放頌，早也講，晚也講，爲了怕有一點點閃失，小明爸就不成功，所以費盡心思不厭其煩的重覆講……對於這些小明媽講不完的大道理，小明爸十二萬分心懷感激，有時還涕淚縱橫，因爲稍有不耐，小明媽的話就狂風暴雨般掃來，所以小明爸不但擁有個好老婆，擁有了好媽媽和好老師，好長官……好……好……好慘……任何事在：「我是爲你好」之下開始沒完沒了。漸漸地，小明媽只要一開口，重覆的話又來了，小明爸就像躲颱風水患一樣……四處去避難……。

好女人，把全部的精神和力氣，放在工作上、家庭上，在功利的要求下，老公和小孩都承受不了她重重的愛，所以都逃跑了，而自認辛苦付出很多的優質好女人，得到的也是受傷，爲什麼付出了這麼多，得到的卻皆大不歡喜呢！問題只有一個：女人喜歡講道理！

如果你講一個故事給人聽，故事因爲有情節、有劇情，而且抽離出自己，由於事不關己，只要負責悲喜就好，那樣聽起來故事就非常好聽；如果你講的是道理，那聽起來就有責任，聽起來就有負擔，有負擔就沉重了，那誰敢聽下去啊！

爲什麼女人喜歡講道理不講故事呢？因爲好女人往往不知道生活中美學是很重要的，其實要一個女人學會講故事也很容易，只要她除了平日受的優質學養之外，也學習美學教育，讓自己處理事情的方式變美變浪漫，那平日原本要講道理的事，就會變成講故事了，只要學會講故事，小明和小明爸，除了變愛聽優質好女人的每一個故事之外，也不會再跑出去避難了！

至於美學教育去那裡學啊，就從蝶古巴特開始吧，用簡單的蝶古巴特拼貼，美化傢俱、美化用品、美化環境，進而美化人心。從環境到內心都給它美起來，浪漫就跟著來了，想知道更多蝶古巴特故事嗎？雙圓女蝶古巴特教室有時開講，有時不開講，……不定時開講！

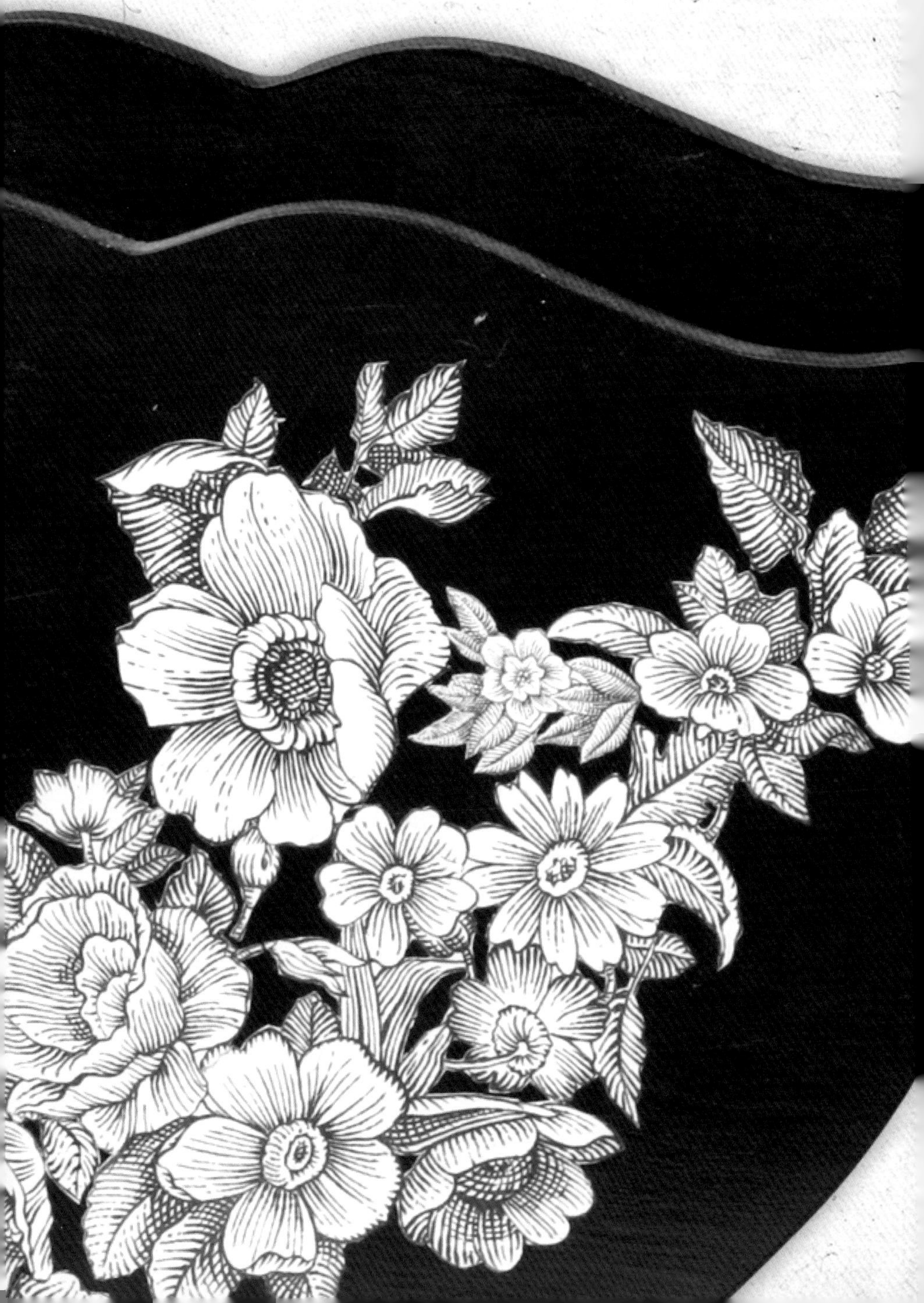

111 親愛的，我把木頭變黃金了！

這塊木頭放在牆角任它風吹雨淋，每天大圓女走過就會看到它躺在牆角漸漸腐爛，有好幾次走過想撿起來，但心中沒有想到過什麼美好的畫面，於是就作罷了！這塊平凡無奇的木頭就這樣日過一日，年過一年的無人理睬。

直到上週大圓女再一次走過牆角，這回大圓女照常走過牆角，照常看到這塊木板，照常。。不，當她停下來看著木頭時，腦海中竟閃過無數個畫面，對，這平凡無奇的木頭，只要加點工，週邊修改一下，彩繪一下，再加上蝶古巴特拼貼一下，掛上牆上就是很好的藝術品了，家裡一下變得有人文藝術氣息了。

於是這幅創作便完成了，有天雙圓女的學生來上課，看見這幅作品，硬是要買走，最後拗不過她苦苦的糾纏，就以不錯的價錢賣了。

價值和價錢，真的是創造出來的，以此爲例，那塊腐朽的木頭，只要你願意花心思在它身上，只要你心裡對它有一個美的圖案，加上一點點巧思，不用花大錢，它就從一塊朽木變成了藝術品，處理人事的方法何嘗不是這樣？如果你眼裡對方是美的圖案，當你看到它時心情也好了起來；而更高的階段是——如果對方很醜，你看了它心情很不好，但如果能想法將這醜的人爲他找到一幅美的畫面，以創作美的角度來創造人我的關係，那就像將那塊朽木變成美的作品一樣，立刻就變成有價值了！

親愛的！我把木頭變黃金了！美！懂和不懂的人都感受的到，你能把眼前醜的東西，創造出美的價值來嗎？

1-1-2 嫁人？還是嫁禍於人？

雙圓女做為一個蝶古巴特的教學老師，有時也有職業病！

蝶古巴特是個美學的教學，技能和技法都是其次，教學的著眼點主要在教他的學生有美學的眼光，培訓他有美學的素能，以後眼裡看什麼東西，心理自然能感受變美和浪漫。可是——

前兩天一位朋友甲從台北來找我，我帶了她四處吃喝玩樂，因為我們有一位共同的朋友在新竹，所以下午就殺到新竹找那位共同的朋

他不是想回來炫耀，而是想告訴妳，他真正想要的是什麼？

友一起哈啦……

我們這位共同的朋友是一個好媽媽，好工作者，但不是個好太太！因爲她的老公被別的女人帶走了！我們二人看這位共同朋友眼裡充滿委屈和不平，就問了她當時她老公外遇的狀況，這位共同朋友低眉斂容說起了她的往事……

她說她每天辛勤的工作賺錢，除了在公職上班之外，還兼職做手工，帶小孩，可是她的豬頭老公不但不感激她，晚上上床也不認真，往往衣服沒脫，恩愛已過……對於這樣的兩性關係，她也能默默接受了，可是她的豬頭老公不但不感激她，還噁心的把外遇的情節，和女人如何溫存的過程都鉅細靡遺的跟她說，她說她聽了她老公的話之後，覺得很噁心，也很痛恨，因爲她豬頭老公不該如此對不起她，還如此傷害她。

我和朋友甲互看了一眼，便問她：「妳說什麼？停！停！妳說妳老公是豬頭，但我們聽了之後，覺得妳老公固然是豬頭沒錯，但是妳也是頭豬哦……」

當一個男人有外遇，還回家和妳講述外遇的細節時，我們認爲他不是想回來炫耀，而是想告訴妳，他真正想要的是什麼？

接著她又講了許多生活的細節，我們聽下來，覺得她的問題主要是：

女人把生活的重心放在賺錢和工作上，尤其對於累積財富有很強烈慾求，對於兩性

和家庭少了美感和浪漫。

以夫妻恩愛來說，做爲妻子的人，沒有美和浪漫的情懷，一心只想錢和工作，她的身體無法感受美與浪漫，那樣做起來身體就沒有美好的感受，反應也成了死魚，你想她豬頭老公每次恩愛都面對一條死魚，沒有激盪和激情，那不是很乏味嗎？

如果一個女人，對待老公的態度，是把自己當成阿信，把自己爲家庭的付出當做無上的聖典和偉大，期望全家和老公感激和報答，將她的悲情，要老公陪她一起尊崇她的偉大，那樣她的男人必需活在：「我有罪，我沒有好好感激你，我沒有好好對待你」上，那你想這個男人日子會好過嗎？

兩性，就像上面這個蝶古巴特的木器，這塊木頭原本只是平淡無奇，放在牆邊也有點礙眼，可是只要有點浪漫和美學想像，用蝶古巴特拼貼上美麗的圖案，煞時廢物變成了藝術品，價格變成了價值，掛在牆上滿室生輝，放在牆角，不減風華。愛情和家庭也是一樣，有了美學和浪漫，一切就變美好了，女人嫁人，應不是嫁禍於人，把自己的悲情和慾望要求另一個人來滿足你，而是發揮一點美學素養，把平凡無奇，甚至廢棄品都重新彩繪出它的生命美好與活力。

你看我的職業病嚴重嗎？即使是聊天，也不忘蝶古巴特的美和浪漫……

113 盲目

要能得到好的結果，從有一個美好的概念開始……

雙圓女一筆一式拼貼這個蝶古巴特花瓶，它還真有點華麗的感覺，你想用蝶古巴特水桶來澆花嗎？別客氣，用力澆，它不只可以灑水澆花，還可以澆灌愛情。

蝶古巴特美一如少女的心，有點青澀又有點期待；有一個青春的少女，在她青澀年紀時，遇到一段不全然的愛情，少女為了這個盲目的愛，瞞過父親、背叛母親，躲開同學和朋友，不顧一切企求那個心儀少年的愛戀，為了愛，少女可以用她的全世界去換取的，只要能得到心愛的人會心的一笑，她的全世界都可以交給給撒旦換取對方的愛情，沒有遲疑、沒有怨恨，原因無它，愛人此刻最重要！

蝶古巴特澆花瓶的畫上，一位戀愛的少女，裝扮一身的華麗，即使知道澆水會毀了畫作，抱緊一大支玫瑰，在愛情面前，閉上眼睛，盲目地不惜一切想灌溉

一整座心田的美好，即使拿靈魂和撒旦交換也「在所不惜」，但這個「在所不惜」是不是在愛情前面一定要做這麼呢？生活中是不是人們也常犯了爲了貪得眼前的一點美好，不顧一切的飛蛾撲火？此時此刻，是否可以暫停一下，思考一下，看看有沒有一種美的角度，美的方法，美的有利於人和我的益處的方式，來達成沒有傷害、又對人我雙方都有益的目標？

思考決定了行爲模式，行爲決定了結果，要能得到好的結果，從有一個美好的概念開始，有了美好的概念，就會形成美好的思考模式，然後依著美好的念頭，去做每一件事，才能有美好的結果。用蝶古巴特澆水瓶，澆出來的花必定美又好……賣！哈！

114 崩潰

蝶古巴特之所以風行，最主要是因爲它的美感染了人心，可以讓人因爲蝶古巴特的美，眼睛開始變美，心也變美，世界從此變更美！所以蝶古巴特不止是一種技法而已！那要如何練就蝶古巴特的美學，再來雙圓女要談談練就的蝶古巴特的健身操，只要您能每天照表操課，您的蝶古巴特的美感自然生出來！

但在講述蝶古巴特健身操之前，今天要先講一下沒有美感令人崩潰的故事！

蝶古巴特雙圓女今天有位朋友來找她訴苦，因爲她和她老公吵架了！吵架的原因並不稀奇，只因昨天下班時，雙圓女的朋友甲女等她老公來接她下班，因爲正值下班時間，羅斯福路上車子很多，好不容易兩人通好了電話，約好了見面的地點，接了人上了車！此時朋友甲女，因爲被工作操了一天，壓力大，肚子又餓，所以看見杭州南路上有人賣湯包，於是就下車買了二個蘿蔔絲餅和蟹黃湯包，於是車上二人先吃了蘿蔔絲餅，

彼此擁有的記憶，那是該美好的……

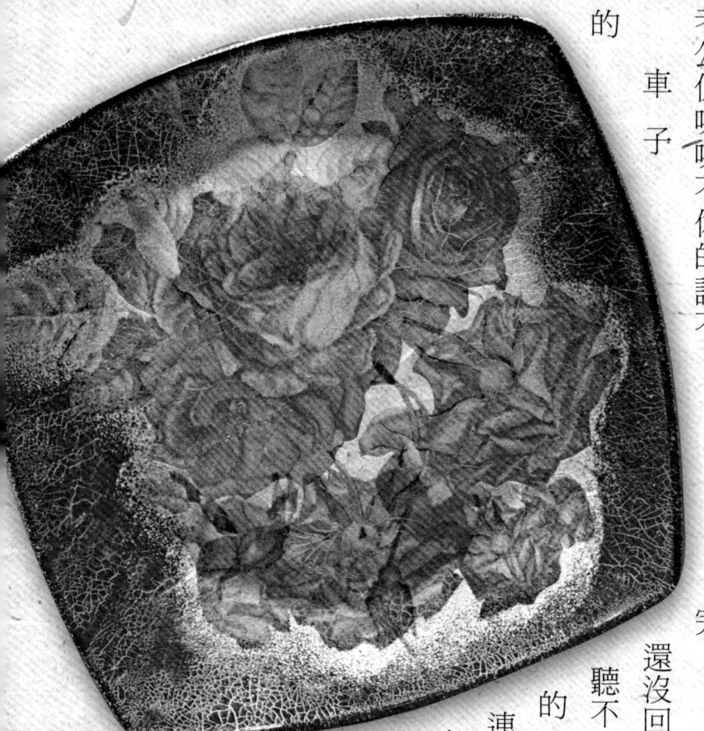

然後朋友甲女餵她正在開車的老公吃湯包……十個湯包她餵了七八個，自己吃二個，朋友甲女還怕她老公燙到，還等涼點才給他吃……。

結果吃到第十個，吃完了湯包，朋友甲女的老公，不改一向邊吃邊批評的性格，一邊嫌貴，一邊嫌味道不純正，一下嫌內餡不實在……朋友甲女瞪了她老公一眼，但他老公仍喋喋不休的講不完……。

車子還沒回到家，叨唸聲仍不斷，朋友甲女真的聽不下去了！這下不是瞪一眼就能了事的，於是她開始像狂風暴雨的開罵，連續罵了十分鐘沒有休息，然後休息一下又接著罵……又罵了十幾分鐘，再休息了一下，然後朋友甲女的老公以爲她罵好了，沒想到，颱風又來了，還狂掃了他一頓，這次……聲淚俱下……只聽朋友甲女說：

「你到底要怎麼？我買晚餐給你吃錯了嗎？……你爲什麼要這樣，批評……批評……批評……所有我做的事，你都嫌、你都批評、你都看不起、你都嫌棄……你娶我要幹什麼？娶來嫌我嗎？所有我們曾去過玩的地方，每一個去吃過東西的地方，你都嫌東西貴，嫌東西難吃……嫌……嫌……我們每去一個地方……那是屬於我們兩人的共有地方……我們的回憶……我們共享的時光……難道每個去過的地方，你都嫌……所以每個吃過東西的地方……所有過往的日子，每個你要給我的回憶就是……你那張扭曲的臉，皺在一起的眉，和嘴巴裡說出來批評的話，和一張嫌惡的臉嗎？如果過往是一張張圖畫，是一張張畫作，那你那個嫌惡的表情，是每一張圖畫的共同點，那是你要的嗎？……那個畫面就是你要給我的回憶嗎？」

朋友甲女一口氣……終於罵好了……留下錯愕的甲女夫默默開著車……而甲女一路上都不再和甲女夫講話了……。

是啊！每個兩人一起去過的地方，都是兩人共有共享的時光，該在乎的是兩人彼此心裡互屬的感覺，相愛的感受，彼此擁有的記憶，那是該美好的，那是該快樂的，但因爲朋友甲夫沒有美學涵養，無法感受朋友甲女可以領略美感，他在乎的只有東西可以以更便宜的價格買回去，可以不必花這麼多錢，可以省更多，所有的考量都是現實的、實在的、物質的，難道人沒有精神層面的需求嗎？

兩個人的想法，有點距離，朋友甲女要的只是在每天十個小時的工作後，也該有生活的品質，和生活的種種感受，但朋友甲女夫要的卻是，存款數字的累積。

以上這個故事，來說明蝶谷巴特創作實質上精神的感動，要給人的精神層面也是美學的，美感的，如果你只以工匠技法來做蝶古巴特作品，那雙圓女就會像她們那個朋友甲女一樣崩潰，因爲沒有美感的蝶古巴特只能算剪貼而已。

正面心念能量

美麗有翅膀的天使姊姊來了……

115 為你點一杯心痛水

畫面中這位可愛的女孩，不知道爲了什麼事不開心，正當她解不開心中的結時，美麗有翅膀的天使姊姊來了，天使姐姐雙手握著小女孩的臂膀，柔和的話語夾雜著溫柔的神情，一一開導了小女孩心中的結，在散滿花香的氛圍裡，相信小女孩很快可以走出陰霾。

雙圓女有位朋友，同樣遇到了不開心的事，但卻沒有這麼幸運。這位朋友是一位小有名氣的男設計師，在室內裝璜領域裡也算有點價碼的設計才子，但有才能不代表沒煩惱，也許由於他的

長相有點抱歉，身高也不是那麼高，儘管收入還算可以，但他的女朋友在新型男出現後，也沒爲了他的收入，而留守在他身邊。

女友的離去，對他是致命的打擊，對他這幾年來說，女有是他努力奮鬥的目標，忽然面對女友愛上別人和他分手的現實，他真的承受不了，情況之慘，不是心情不好二字可以說得清楚的。那種求不回女友的心痛，必須是嚐過的人才會了解，爲了這件事，大約三個月了，都依然不能吃、不能睡，體重也直線下降，由原本八十公斤掉到六十公斤，整整瘦了二十公斤。

瘦雖然是意外收獲，但是這個收穫看在家人的眼裡並不開心，而是耽心，因爲他的不言不語，不吃不睡是很嚇人的，家人想想這樣下去也不是辦法，所以想盡辦法要他開心，只是除了和前女友的任何消息之外，沒有什麼可以改變他執迷的心。

母親看他這樣下去也不是辦法，於是勸他去旅行，希望藉由旅行遇到新奇事物的衝擊可以改變他的想法，讓他走出情傷。最後他接受了安排到大陸去旅行。

於是他走小三通從金門到廈門，從廈門到上海，從上海到杭州，從杭州到北京，再由北京飛回來。回來後他的心情似乎好許多了，他說心情之所以好起來，最主要的是到上海時，喝了一杯「非常心痛水」，因爲喝了這杯水，當時十分心痛，爲了這份不同於前的痛，讓他想清楚了很多事，尤其是愛情那種不是可以決定在自己手裡的事，當盡了最大努力仍無法挽回時，多做傷害自己，傷害他人的事都於是無補，只有增加傷害而已。

雙圓女很好奇，什麼是「非常心痛之水」？爲什麼有這麼大的效用？哈哈，傷心男接著說：

我到上海時，走到一處茶飲店，看見一個招牌，上面寫著：「你有情傷嗎，非常心痛水專治情傷！」我很好奇，於是走了進去，點了杯非常心痛水，過了五分鐘，服務生緩緩的端著杯子送來了，我抬頭一看，說真的看不出來那是什麼，感覺像一杯白開水。

等服務生放下飲料杯，我迫不及待的想知道什麼是非常心痛水，於是端起杯大口的喝了一口，嗯。伴著我驚訝的是啊，這不是白開水嗎？不信邪又喝了一口，啊……這明明是白開水啊，爲什麼叫非常心痛水呢？於是我叫服務生來問，問他有沒有搞錯這真的是非常心痛水嗎？

服務生微笑的回答我說，沒錯這就是非常心痛水，並補充說：個中滋味請您慢慢品嚐！

我邊想著原因，邊喝著水，但一直想不出原因，開水爲什麼叫做非常心痛水，坐了三小時也坐累，於是結帳離開，到了櫃台看到帳單終於知道什麼是心痛之水了，因爲剛點那杯白開水要價人民幣一百五十元，折合台幣七百元左右，心痛吧！

這件事給了傷心男很大的衝擊，有些事心裡雖然不快樂，也許很心痛，但解決的方式有很多，例如前面那位不開心的小女孩，她的困境得力於貴人天使幫忙，不需要花錢，也不會造成其它傷害，但情傷喝非常心痛水，他將原來情傷的痛，花錢用非常心痛水來轉移，花無意義的錢換來有用的想法，這還算好，但有些人想不透，往往要用傷害自己或玉石俱焚的方式來處理事情，想想，你的念頭不同，對人對己都有不同的結果，你要好的結果和不好的結果，往往只在一念之間。

好的結果和不好的結果，

往往只在一念之間。

116

我六歲，我哥哥七歲

人有兄弟姐妹我也有，我六歲，我哥哥七歲！問題是雙圓女六歲和她哥哥七歲有什麼關係？其實說的是另有其人！

話說雙圓女有個學生，是位衣著高貴，面目姣好的中等美女，說她中等最主要的原因並不是她不夠高貴，也不是她姿色有什麼問題，說的其實是：她的親和力超強，一點都沒有那種有錢人的氣味！

其實這位中等美女的家世背景和現在擁有的財富，她大可以穿金戴銀，出入有人服侍，做一個上流社會的貴婦，但她並沒有，如果您不認識她，只單純的和她初見面，那您肯定以爲她是鄉下鄰村的家庭主婦，因爲她待人的善意，和她對人的真心，真的會讓人感到她是如此的平凡！

其實她的優點還不止對人的溫和和親切，她身上散發的氣質，那是一種可以信賴的情感表現，認識她，親近她，你就不想離開她！

她平日其實十分認真工作賺錢，就像她是一位爲了三餐而奮鬥的上班族，一點都不鬆懈，下班之餘，她還不斷增長自己的內涵，上各種課程，以免和時代脫節，包括每週來雙圓女教室上蝶古巴特課程！

那和她六歲，她哥哥七歲有什麼關係呢？由以上可以，她是一位十分有美感修養的淑女，時刻學習充實自己的涵養，尤其對美學更是用心，她對美學的認真，除了表現在創作上，同時也運用在生活上，例如，對待他老公的方式！

她把她親愛的老公稱他爲：哥哥，平日看他們夫妻的對話，她總是這樣對她老公說：「○○XX，哥哥您說好不好？」或說：「○○XX，哥哥……呵呵，好好笑，對不對！」

他們之間的對話就像一個六歲的小女生向一位七歲的哥哥在說話，你可以想像一下嗎？一個六歲的女生和七歲的男生的對話是什麼情景？而六歲和七歲那個年紀的小孩，是怎樣純真的一種心境，如果夫妻對待彼此的方式可以回到這麼純真的感覺，用真心彼此對待，用純真做對待的方式，那樣的真心，那樣的純真，彼此就算有不舒服，也當下說當下了，沒有隔宿仇，那樣的夫妻關係，不好也難！

雙圓女有時聽感情

不幸的人抱怨另一半，總是種種指責和否定，心中常OS：「那你有尊重你的另一半嗎？六歲女和七歲男除了純真之外，尊重和保護的意涵應該是二人可以相處的很好的另一位理由！」

對於一個專業往往有學校或補習班老師教，例如學英文或學蝶古巴特，但是否您也想過，在世間男女相處的這個課題上，您是否認真學習過？

117

距離也是一種美——半糖夫妻

天氣漸漸熱了，工作了半天也該休息一下，來杯咖啡或飲料，請問您要甜度正常嗎？還是半糖，少糖，少冰？怎麼調配您喝起來才會覺得既好喝又不損健康！世間男女的感情有時也這樣！

在這個繁華的年代，男人和女人一樣有能力，爲了工作，爲了賺錢，也爲了樂趣和理想的，工作成了婚後男女都不棄守的項目，於是半糖夫妻就出現了！

雙圓女有位朋友，算是一位女強人，至少她是一家公

像朋友，又是情人關係的夫妻，有點甜又不太甜……

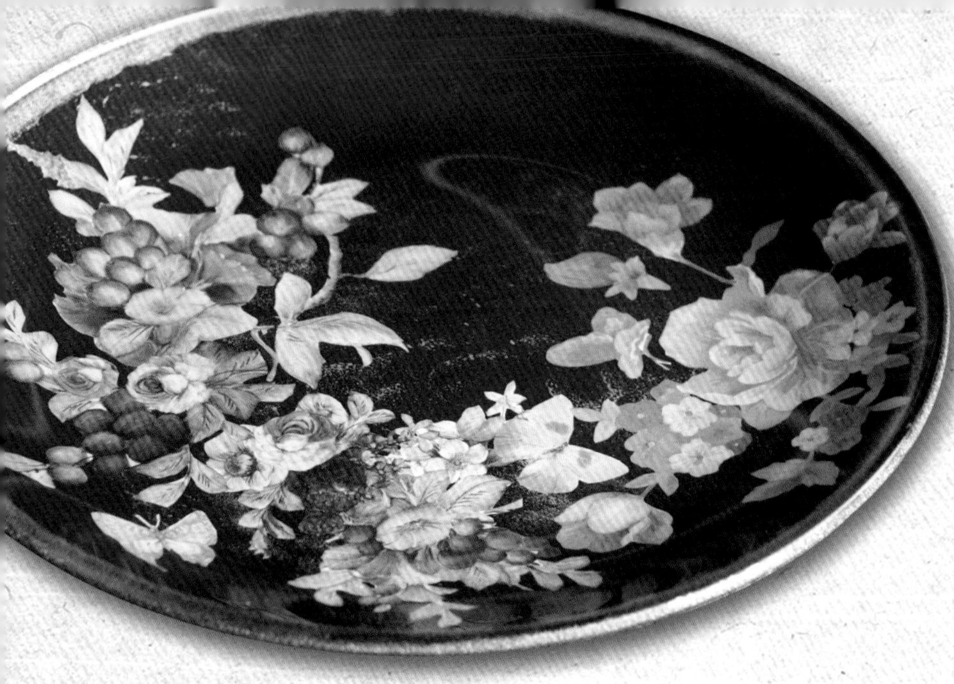

司的負責人，公司小有規模，在台灣和大陸在同行業裡，也數得出名號了。這位女老闆爲了工作時常在台北和北京上海等大城市中，飛來飛去，而她的夫君結婚十多年，爲了照顧年邁老母，目前仍窩居在鄉下，於是她們夫妻能見面的時間只有假日，週五下班回家，週日晚回台北，或週五回台灣，週一又走人，這樣來來回回過，夫妻感情不但經過多年考驗還好好的，而且感情還好到超乎一般夫妻，雙圓女總笑稱這種見面又分離，相聚又分開，像朋友，又是情人關係的夫妻，就像喝飲料加的是半糖，少冰，有點甜又不太甜，有點冰口感又挺好的，於是雙圓女稱他們是半糖夫妻。

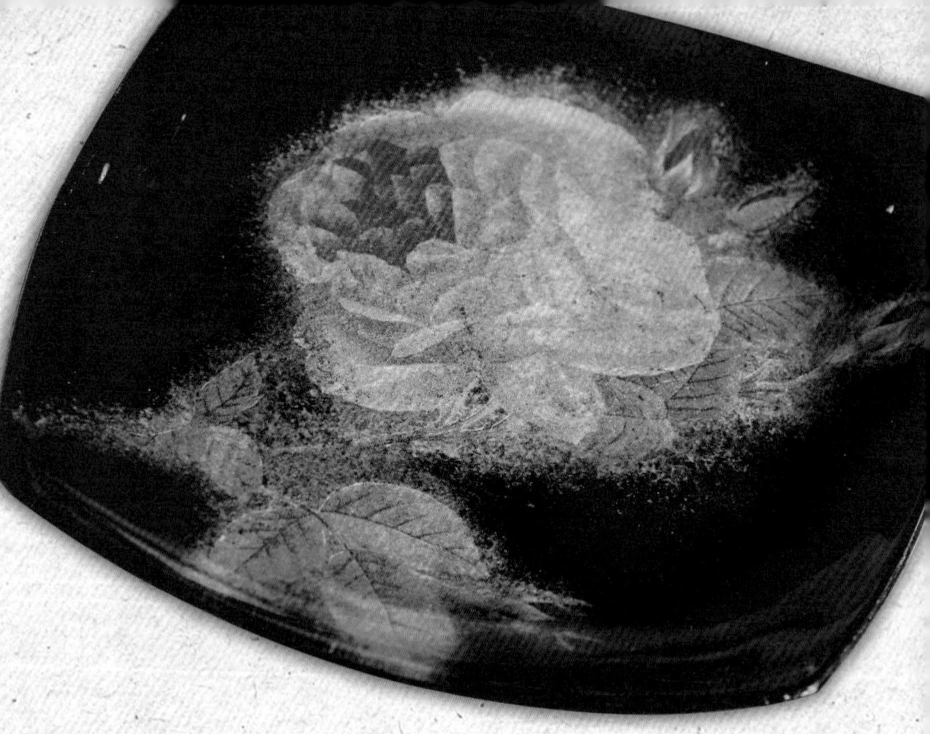

其實細細究其原因，半糖，對夫妻二人來說有許多優點，首先彼此有距離，有距離就有空間，可以依著自己的精力發揮自己的能力，可以盡情發揮，不用顧慮對方的感受，這對精力旺盛能力超強的人來說，不會綁手綁腳正可以放手一搏。

半糖夫妻除了有自己的空間之外，由於相聚不易，彼此的愛戀和思念，往往在見面時有催情作用，一旦情感催化二人，感性就會多過理性，當雙方都用感性看待對方時，不美都變成了美感，人只要在視覺裡有美的感受，相處的氛圍也就變柔和了，那二人會吵架的機率就小了！

半糖夫妻還有其它許多好處，只相戀不要相見，想磨差都沒有理由，身心寂寞蝶古巴特的一朵思想花——

距離的美感氛圍

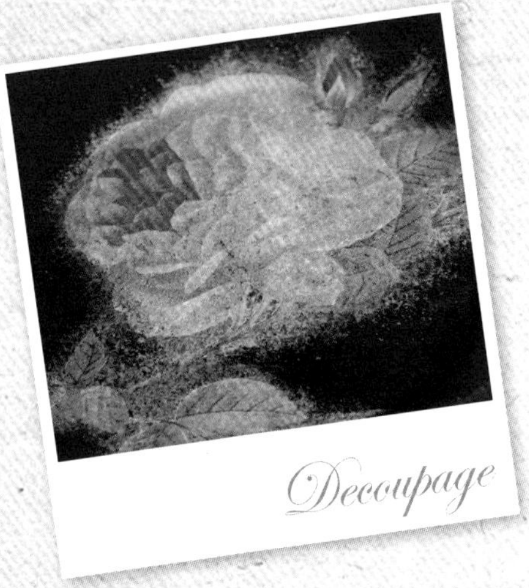

時，假日又有可以安慰的人，因此更懂得珍惜彼此了，這也許是空間和距離帶來美感的效益，如此有點黏又不會太黏，是夫妻關係中一種很好的狀態！

一般天天相處的夫妻，或許更想要的是只要思念不要相見，希望自己可以有多一點空間，半糖夫妻的感情於是相對地更有美感，沒有空間距離的夫妻關係，能不能複製那些半糖夫妻好的一面？

第2部

世間男女

若妳的心底還有一點點愛男人，那就成全他的感受，讓他去做他想做的事，祝福他，讓他快樂。愛他就是成就他，把過往的美好，留在妳心底，也悄悄地留在他心底。這份分手的美好感覺，是日後你們還有見面的唯一道路……

201 楊過為什麼愛著小龍女？

雙圓女每天除了教做蝶古巴特之外，也喜歡看金庸的小說，最近正看到神雕俠侶楊過和小龍女，他們二人相差十六歲，楊過爲什麼要愛一個成熟的女人？小龍女有什麼絕招黏死楊過的愛？

楊過小時飽受人家欺凌，受到小龍女的照顧，在封閉的成長環境裡，愛上她是很自然的事，但是長大後，楊過還是想去探訪外面的世界，所以逃跑出去玩樂，只是經歷了外面世界的種種情愛，最後他還是確認自己所愛的是小龍女。

蔭身於阿里曼眾多桌、椅及木工傢俱都是親手DIY喔！

日前有一男約四十歲和一女約五十幾歲，來阿里曼人文咖啡館吃飯，飯後也參觀了雙圓女的蝶古巴特教室和作品，承他們不嫌棄，買了這二張搖椅。雙圓女很感激他們，於了聊了開來，後來又來了幾次，日久，也和他們成了朋友。只是前幾日那位男生單獨來找我，相聊之下才知道，原來女人是男人的女朋友，並且大了他十六歲，女大男小，女人今年已五十六歲了，而男人芳華正茂才四十歲。

男人說他們也曾有過好春光，有相愛的時刻，但現在女人除了想綑死男人之外，可能已忘了什麼才是愛了！女人的不安全感，已經每天用不同惡毒的言語批判他，扼殺了一切情份，對他除了更加地中央集權、嚴厲控制之外，還不時口出惡言，不但時時提醒男人對她有多麼不義，還要男人賠她這十六年來陪他的青春，當然還有以前的對他的種種奉獻……男人於是除了抱歉外，很想離開。

唉！雙圓女於是想，不要扼殺阿里

曼人文咖啡館這樣的好景緻，一個女人不管年老或年輕，如果不想讓男人討厭她們，或不想扼殺男人對她們的愛，那最好的方法是——閉上嘴巴……如果口裡只吐得出叨叨不斷的雜唸，想要以聖女貞德之姿，不斷指責男人的種種不是，請問誰的耳朵聽了不煩死啊！還要怎麼愛？

楊過爲什麼始終不變心的愛著小龍女啊？原因無它，因爲小龍女比一切女人嘴巴都少開口，更不要說整天唸些高頻率令人耳朵難受的話了，小龍女是優質女！如果妳也可以做一個優質女，先做好自己，把全世界的女人都比下去，他不愛妳又愛誰啊？

幸福在平淡對話中

202

為情療傷，就用生活美學吧！

情傷，在生命的過程中，不管友情，愛情或親情，每個人都會遇到。

我有個學生叫美芬，有著清秀的臉龐和漫妙的身材，就算不是極品美女也該算是中等美女了。她有過一段婚姻，有一個兒子，那些年爲了兒子也含莘茹苦的一天過一天消磨青春，直到十六年前遇到了一個小她十六歲的型男，在說不清的因緣下，他們成了男女朋友。

這一對戀人相差了十六歲，不管在開始、過程、還是現在，種種的磨難總是等著他們。最初年少的男子愛上一個成熟的女人，依著一份純真和一份執著，他可以對抗所有異樣的眼光，和來自父母、家人、朋友以及全世界反對的聲浪，他依然執著的愛著這個成熟的女人。

日子一天一天的過去，二人由熱戀到情轉淡，其實和今天速食愛

情比起來，還算長久，因爲到今天他們已交往了十六年。但今年他們可能愛不下去了，因爲男孩已成了男人，一個四十出頭的男人，而女人已成了老女人，一個六十出頭的姥姥了，看著姥姥削瘦凸陷的臉，阿婆般的身影，和男人筆挺的身材站在一起，二人宛如一對母子，這樣的外貌組合，男人已從當年純真的看不清一切的眼睛，到今天清楚明白彼此的差距和來自朋友家人的指責與鄙視，男人越來越明白了，但男人除了明白年齡帶來的問題之外，男人也開始漸漸了解，母親不斷勸說和不斷被母親眼淚喚起的良

心和對家庭的責任，對，是責任，男人明白了他是家中唯一獨子，在家族裡還有中國人牢不可破的家庭責任要負擔。於是男人開始變心。

愛情在初相見時的天旋地轉，到意念改變後的冷漠，即使不必開口，另一方也立馬感受得到，為此女人一再一再的要問：男人，你到底在想什麼？而男人卻一再一再的閃躲和迴避，二人就這樣一再來，一再去，來來去去都沒有結論，但問題的真相並沒有因為男人的迴避而止住，也沒有因為男人的迴避而消失，因為二人的爭吵頻率一天高過一天，由最初的一月一大吵到二大吵到天天吵，終於男人說出了：

「我們分手吧！」

「分手！」

「是的，分手！」

「不！我做錯什麼？你告訴我做錯什麼？我爲了你付出了我的青春和所有，你不能離開我！」

「夠了！我們相處夠了！我要用剩餘的人生回報母親和負起家族責任！」

「我可以和你一起孝順母親，我們可以結婚！」

「不！我母親不要你，我是獨子，她要我過正常人的生活，不要我娶一個不能生育的女人！」

……

所有的一切，男人已經表明的夠明白了，但是女人卻完全不聽，也聽不懂，除了瘋狂哭，瘋狂求，瘋狂責怪男人負心薄倖之外，還瘋狂打電話給雙圓女，希望雙圓女這個共同朋友可以幫她挽回這個負心男。

雙圓女聽了她如泣如訴的哀怨過程後，開懷大笑，也許由於笑聲太大，美芬止住了哭聲，問雙圓女是否為她找到「留男」好方法？雙圓女說：「不！並不是！」

雙圓女要她想一想，這十六年來，他們有沒有擁有過快樂時光？他們曾不曾經一起出去玩？他們是否一起生活過？美芬一一回答：「是的！」

是的，既然在相愛時雙方有過共同的快樂，那什麼是「共同呢？」共同是男人付出時，女人也付出；男人快樂時，女人也獲得快樂，女人花一天青春陪男人，男人也同樣花一天陪女人，既然一切都是共同的，那又有什麼人獲得、有什麼人吃虧嗎？沒有吧，那很平等！既然平等，又有什麼負心？又有什麼薄倖？又有什麼可以責怪男人？

況且，二人一起生活的點點滴滴，所有美好的過去，都是存在且值得珍藏的，也都是別人搶不走的，既然能擁抱美好的回憶，那又有什麼遺憾的呢？

倒是如果你真的愛一個人，真正的愛他，那就要以他的幸福為幸福，他的快樂為快樂，既然男人找到他的新幸福了，若你真的愛他就該放手，讓他過著快樂幸福的日子吧！

不放手，說明的只有：「你愛的是自己，想要滿足自己擁有他的慾望而已，並不是真的愛他」，男人既已決心要走，女人越是掙扎，越是不甘，去做越多想挽留的事，那只能讓男人跑得越快、越遠、越澈底而已！

美芬說要焚毀所有一切男人留給她的東西，雙圓女聽了只能回答她：「燒吧，你燒掉的是你們之間唯一能再相見的道路，妳不但能燒掉二人所有的回憶，還可以把所有曾經的美好都變醜惡！如果妳還能看清這些都是想滿足自己的佔有慾而已，若妳的心底還有一點點愛男人，那就成全他的感受，讓他去做他想做的事，祝福他，讓他快樂，愛他就是成就他，把過往的美好，留在你心底，也悄悄地留在他心底，這份分手的美好感覺，是日後你們還有見面的唯一道路。」

愛他既是自願的，分手，不需要玉石俱焚，留點美感給彼此，相見更有因！

阿 里 曼 室 外 風 光

203 妳的眼角，還有約會的歡愉

其實我無意做一位兩性專家，也許是自家的阿里曼人文咖啡館是個很舒適，舒適的足以讓來客傾倒垃圾的好地方吧！有位木工男也來說他的心事。他的情路也很苦，為了女友，還寫下了不知多少簡訊：

昨晚扣了妳一晚，妳的手機都沒有開機，其實找不到妳，我也能多少有些預感了，只是心裡那種不確定和不安定感，好像情人間真的可以心意相通，我想正在那個時刻，妳正和他約會吧！

我知道也許我不是妳要的型，但是妳承諾我們在一起這也是真的，我看不透妳的心思，有時妳表現的那麼天真，像個小孩一樣在我身旁繞來繞去，唱歌跳舞撒嬌，就

公婆椅

像個小女孩，有時妳也深情的看著我，更多時候是不可理喻的亂發脾氣，妳一生氣，我就會耽心，不知道怎麼做才能平息即將爆發的風波，而現在這種不清楚妳去了那裡？做了什麼？正折磨著我的心……

等到今天早上，妳終於來找我，跟我解釋昨夜和同學的聚會吵雜和種種原因……所以昨晚沒開機。只是，妳忘形的說著這些事時，眼角和嘴角還有上揚的微笑，我想妳仍沈浸在昨夜的歡愉裡吧……同學聚會的快樂，真的可以延續到今天嗎？

聽著妳這麼說，鐵搥和釘子用力釘在即將完工的客人訂作的公婆椅上，公婆椅妳知道是什麼用途嗎？就是人家結婚時，會定做的家俱，老公和老婆併肩而坐的椅子，那象徵著二人同心，同心，妳的心和我，有同心的一天嗎？

我是一個木匠，只要用力敲打手中的鐵槌，做出一件件的傢俱，努力做一個好木匠，我都會一直相信……妳愛的是我。……

上面是痴心男寫給他女朋友的簡訊，愛情的道理雖然說不清楚，但是二個人交往是不是真誠和用心，其實這原本不必說明，憑感覺就可以明瞭，世界上真善美的東西都無法用任何造假或敷衍的方式對待的，對方或許因爲善良沒有拆穿真相，但不代表真相不會被知道。一如藝術的美，影像印在心裡的剎那，美醜已判別完成。

204 想做個木門關住你，但能關住你的心嗎？

當愛已不在，還能關住你的人和心嗎？

男人和女人的戰爭……

身為一個木匠男，除了委屈做為一個木匠之外，愛情的路也走得很堅苦！

男人追女人，一如女人被男人愛一樣，雖然在愛情的世界裡，一直曲居劣勢，但是看這紅塵男女，我想男人和女人，生來就有深仇大

恨的，從開始認識，互有好感開始，就要在猜歎、不確定、擁有、占有、猜忌、懷疑、分別、交會……從心裡到身體，即使在床上，也要一翻奮戰，一定要分個高下，這樣的每一個場景，拆開來看，是不是一幕一幕的戰爭！

阿里曼人文咖啡館中，藏身古典風味的吧台，來杯咖啡吧！

205

錢不是唯一

小女孩時，一束花就可以打動芳心，那成為女人後呢?

前二日蝶古巴特太圓女和出版社朋友一起去逛街，之所以逛街是因爲出版社女喜愛上了寶石，她的喜愛其實也是一個怪咖，因爲與其說她愛寶石的價錢，不如說寶石的內容物和各種特色，吸引她慾罷不能，被寶石的慾望佔據了心靈，沈迷的無法自拔，大圓女爲了有機會可以和出版女講經說法，所以陪她去逛……珠寶拍賣展。

沒想到出版女落了一堆人一起去，說是爲了免於被色（寶石的顏色）所迷亂亂買，

於是大家一塊去逛拍賣展。更沒想到的是只看了半小時，就把所有的拍賣展逛完了，原因無它，因爲這批人都是出版女寶石課的同學，大家都是有眼力，有工具的，所有拍賣展的東西，三二下就被他們判定結束了——呵呵，這裡有的不是他們要的貨！

一看時間還早，大家覺得無趣，於是有人提議去吃晚餐，大家一聽到吃……就流口水了，二話不說，一起找了間泰式菜，點了餐，五六個女人也就聊開了……

由於大家不熟，所以議定聊二個主題，一是自我介紹，一是談談自己的愛情……於是大家各自報告自己的際遇，其中有位未婚女，今年已經四十一……一支花了，仍小姑獨處未有郎，大家驚嘆她的美貌，爲何還沒有把到型男？正當大家疑惑時，出版女問她：「那，妳的擇偶條件是什麼？」未婚女，先看了看大家，說：「第一，要有經濟基礎，第二，身高不能太矮，第三，品性要好。」聽她這麼說，大家覺得以她的姿色，這樣的條件應該不難找，但爲何……

此時中圓女殺出一句話：「你可以說說你的最近前男友是個什麼人嗎？」

未婚女於是慢慢說：「他是一個第二次見面就想上我的人，然後每次見面都不死心，一心想誘拐我做那件事的人，然而最不能忍受的不是他想上床，而是他的經濟條件太差……」

「啊！太差？」

於是大家問：「有多差？」

未婚女說，他雖有一棟四層透天房子，但，房子座向西曬；雖然在公家機關當主管，但官不大；夏天太熱，冬天太冷，且前男友喜歡帶她去海港吃海鮮，看夕陽，但未婚女只喜歡去五星飯店喝下午茶……然後還有○○○和XXX等原因，於是對於經濟條件這麼不好的男生，她沒興趣……還是拜託各位姐姐妹妹有空幫我介紹適合對象，她接著說。」

聽完她的敘述，大家你看著我，我看著你，金錢不是唯一，但，未婚女到底要怎樣的對象才是算好的經濟條件呢？……

錢不是唯一，但唯一不能沒有的是錢！

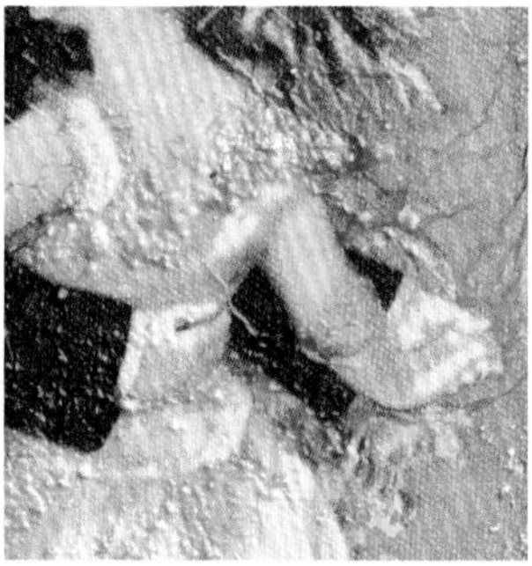

206

應召男和賣笑女——蝶古巴特女徵人啟示

大圓女時常在外教學，想徵助理，最後面試的結果，只剩一男一女，大圓女正不知該錄取誰？於是大圓女打電話給甲男，問他今天中午十二點有空嗎？甲男立馬回話說：去見妳是我的榮幸，老闆你隨call我隨到。於是甲男便衝到店裡。

而此時等在蝶古巴特專賣店店裡的還有一個乙女，她見到甲男後馬上站起來親切的向他鞠躬打禮。

中午三人一起在辦公室面談，三人互相寒喧一下，

於是大圓女說：你們二人自我介紹一下，看誰介紹的較有特色，我就錄用誰。

甲男和乙女爭相想在老闆面前賣弄才華，於是甲男說：「我是應召男，只要老闆錄取我，我便隨扣隨到，服務不打烊。」

乙女一聽甲男這樣說，為了表示自己更努力，更肯做，接著說：「我是賣笑女，可以買一送一，買產品送微笑。」

結果應召男敵不過賣笑女。你猜為什麼？

因為打電話要通話費，微笑不用錢……

207

關於苦命女的那些利息錢

昨天大圓女和她的朋友及朋友的朋友閒聊，而這位朋友的朋友的朋友是個苦命女。

苦命女雖然也受過不錯的教育，生長在還算有體面的家庭，但戀愛往往讓人沖昏頭，二十歲不到，便跟青梅竹馬的情人定了終身，然後很快的在不被祝福而強要爭取的婚姻。

新郎是中區某企業第二代，財富家庭養大的孩子，雖然當了新郎，但是婚姻的課程，學分始終修不及格，所以二人新婚燕爾的快樂日子，實際上過沒多久，新郎就回到夜店和 PUB 和他的新歡舊愛重續前緣了。

新郎是家中獨子，家裡爲了強逼他傳承第二代的責任，於是把分公司交給他經營，年少輕狂加上好大喜功的新郎，滿心歡喜接下家族事業，但沒多久就敗光家產，而家人

爲了逼他成長，便登報和他劃清界線，讓他自生自滅。

新娘這時已是三個孩子的媽了，嫁給新郎這幾年，除了短暫享受了新婚的歡愉之外，接下來的所有日子都在背叛和缺錢中渡日了。

新娘其實不是省油的燈，當她的新郎負擔不了債務拋下她們母子落跑時，她看清自己所處的環境後，不但獨自扶養三個孩子，還一肩擔下一千多萬債務。

時光匆匆，悠悠數年，孩子都上了國中了，而新郎仍然留連在外，債務也還完了，在家族助力下，這幾年聽說新郎還小有成就，在大陸幾個地方公司都經營的有聲有色，也聽先前債主說他回來幾次，也處理某部分債務，但是家，他始終沒回來過。

對於這個苦命女，爲什麼新郎寧可面對債主，也不願再見當初所愛的新娘？理由無它，因爲苦命女始終以自己對新郎，對孩子的付出做爲最大投資，在他們面前也始終以最大債主自居，想向新郎連本帶利複利計算，要他……要他連本帶利，用十輩子，一百輩子，乃至……乃至生生世世，償還他該給她的幸福。

大圓女的朋友，希望給苦命女一點建議，不！給新郎一點建議，大圓女小圓女一聽，回說最近忙於蝶古巴特創作，無法提供任何建議。

愛情可能無法用稱斤稱兩來計價！

208 小三的告白

大圓女教人習作蝶古巴特已有一段時間了，一些學生也成了好朋友！在眾多學生中，有一位中等美女，氣質安靜，面目姣好，衣著十分高貴的女生，也成了好友。

相處久了之後，這份氣質女，除了和大圓女談蝶古巴特之外，也談談私人世界的感情問題，有天，她說其實她是人家的小三，而且二人相處已有十年了，只是十年的感情，有時依偎在男人的胸膛時，仍有微微的不安。

這中間她並不是沒想過離開這個男人，只是每次的決心都戰勝不了糾纏不清的情愛，對方是個大老闆，她並不貪戀老闆的錢，她捨不下的是老闆的英雄氣概，所以她甘心做個小三。而其實她理智時還是想離開那個老闆，只是老闆同樣不放過她。

有一天她決心要走了，但沒想到老闆竟威脅她：「如果妳想走，那我們就一起同歸於盡吧！」

蝶古巴特的一朵思想花 ——

請 在 溫 柔 一 點

自古英雄難過美人關，我甘心醉死在妳的溫柔鄉裡。

她於是問老闆：「你那麼有錢有權，而我已人老珠黃，爲什麼你不去找年輕貌美的美女，還不放下我呢？」

老闆回答她：「千金易得美貌女，有錢難買柔媚娘，妳的溫婉柔媚實無人可以取代，我甘心醉死在妳的溫柔鄉裡。」

大圓女於是明白了，溫柔鄉是英雄塚，自古英雄難過的不是美人關，尤其是拒絕不了柔媚關，女人啊女人！想掌控一個男人有什麼難，何必像隻鬥雞找男人爭權利？只要柔媚一點，再柔媚一點，柔媚到男人的骨子裡去，看他男人怎麼逃？

妳的溫婉柔媚實無人可以取代……

沉澱心靈的空間——

阿 里 曼 露 天 雅 座

209 請不要叫我老師

彩帶殷勤繞水壺，雙圓女蝶古巴特的教學，日日月月年年，也有一些人一路走來跟著雙圓女學習蝶古巴特！在這段歲月中，有許多人會叫我老師！但我們一直不敢自稱蝶古巴特老師！不是我不會教，而是蝶古巴特看似簡單，其實有深澳的技巧和美學，如果沒有一定的專業度，怎麼好讓人叫自己老師呢？

老師是一個崇高的工作，一個受人尊敬的職業，老師除了要學有專精，可以傳道授業解惑，不然怎麼能被人叫做老師啊？況且授業解惑還可以，但傳道，到底傳了什麼道？自己傳的道一定對嗎？

況且，老師這個高尚的名稱，是須要被教者真心誠意，發自心底的認同，學習者願意叫你老師，那才能被稱爲老師吧！如果別人並沒有認爲你夠資格當一個老師，而自己替學生自稱自己是老師，那會不會有點，嘻嘻，好笑啊？因爲也許學生對你的看法還不到老師，只能叫助教吧，自己往自己臉上貼金，當你自稱老師時，也許別人心裡想的是：你夠格嗎？那不是糗大了嗎？

所以請別叫蝶古巴特女老師，還是叫我雙圓女吧！等那一天，你真的甘願了，如果我值得，再叫我老師。

別叫蝶古巴特女老師，還是叫我雙圓女吧！

210 獅子和水牛

說到雙圓女的完美人生，週遭許多認識與不認識的人都相信雙圓女的人生是完美的，但真實的狀況是不是完美的呢？其實並不是！所謂完美，只是雙圓女因爲看待事情的觀點不同，不管順心不順心的事，都可以接受現狀而已，根本沒有所謂完美。

雙圓女認爲，一個人對所有面臨的狀況都能泰然處之，就是完美的。因爲人生幾乎不可能擁有完美，例如人不會一直都健康，不會一直都沒問題，或是從不會失敗，總之，任何事都不可能

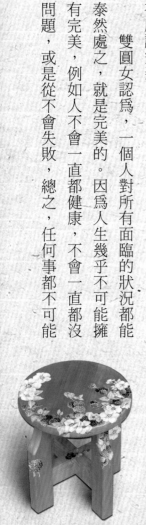

依你想的情況不變地發展。不只人是這樣，萬物都是如此。

舉個網路上的例子來說：正有三頭獅子想圍捕一群水牛，獅子追捕了好幾公里後，最後衝向水牛想捕殺牛，以爲獵物萬無一失，一定到手。但是水牛在沒有退路下，被獅子激怒了，奮死一搏，雙方激烈的搏鬥，最後獅子沒得到獵物就放棄了。一般認爲獅子是叢林之王，勝利對獅子來說是很簡單的，但今天對獅子並不是好日子，因爲牠有狀況，打不下水牛，今天獅子的情況，就算遇到鹿也沒能力對付牠。

另一段 you-tube 的影片，影片中斑馬試著要殺獅子，獅子狂奔逃命，事情好像不該是這樣的才對。

事實是，一頭獅子追趕一群斑馬，所有的斑

馬都拼命逃。有匹斑馬落單了，獅子立刻放下其它獵物，一路追殺牠，結果斑馬把心打橫，決定先攻擊獅子，牠躍進水坑裏，等獅子撲來咬住了斑馬的脖子，斑馬也同時咬住了獅子的脖子，斑馬一直試著要把獅子拖到水裡淹死它，牠強力將獅子頭按到水裏，讓獅子頭泡在水裏，眼看就要淹死獅子了，但最後獅子快窒息而奮力一擊，掙開控制，就逃走了。

這種生活中原本預期好的事，卻隨時都有問題，什麼是問題呢？問題就是我們沒有計算到突發狀況時常會發生。一般來說人生的難題也是這樣，當我們預計到生活中接下來可能會發生什麼事時，當你知道會發生什麼事，當你準備好了之後，它就不是問題了。

而什麼是準備呢？雙圓女以爲：準備是對

幸福很簡單，先有了幸福的想法，就擁有了幸福。

一切未知的到來做好規劃，而那未知卻是你永遠不知道下一個狀況是什麼！所以什麼也準備不了，唯一對於未知可以做的就是，具備一定的智慧和新的觀點與視野，有了智慧和新的觀點和視野，當遇到事件時，結果將會是全新的格局！

這樣你知道雙圓女爲什麼時常感到幸福了嗎？哈哈……雙圓女的幸福很簡單，先有了幸福的想法，就擁有了幸福，一如生活美學創作藝術一樣，先有了美感，就有了蝶古巴特生活作品。

為了欲擒故縱，有時也表現出一點點驕傲。

211

逢場作戲

那一年在外貿公司工作，我負責行政的工作，有一天公司缺人，於是就找了廣告公司登報，那種在報紙上登找工作的分類廣告。廣告公司的老闆，在登完廣告的後幾天，來找我們收款，當他向我收款時，隨口問了一句：「我可以打電話給妳嗎？」，我只是傻傻的對著他笑。

後來，他真的打電話給我，約我出去吃飯。我懷著忐忑的心，坐上他的摩托車，跟他出去了。第一次見面，我真的不知道要跟他說什麼，他卻伸手拉住我的手去環抱他的腰，我沒有縮回我的手，我們就這樣在台北街頭繞了一個多小時，然後到通化街吃東西。

他是一個很溫和的男人，雖然剛認識他，但他的臉上就是寫著溫和。說話的樣子很靦腆，每說一句話都要加上一句：「好不好？」，吃飯的時候，我們喝了一點酒，吃著吃著，他靦腆的臉上，卻說了一句嚇了一跳的話：「我們去休息好不好？」，我覺得很刺激，況且他也長得很好看，於是就說：「好」。

爲了他的美食和溫柔，我極盡努力的用身體回報了他。然後，他送我到我家的樓下，然後很慎重的說：「我們只是逢場作戲，大家都不要認真」。我說：「好」。以後的每一次都這樣，我們的話不多，吃飯、休息、回家，足跡走遍台北的陽明山、淡水、木柵、新店、八里、舟子灣，尤其是舟子灣我覺得那裡的夜景真是美的可以。

第二次以後，他開著一部五開頭的車

來找我，於是我知道他是一個多金的人，但我沒問他什麼，除了吃飯，休息，回家之外，我什麼也沒有過問他其餘的事，剛開始，他可能以爲我該有一哭二鬧三上吊或其他要求或其劇碼出現，但都沒有，這樣過了三年，我沒有問過他以及他家的什麼事，除非他願意自己說。

其實我是看穿他了，他以爲他有錢，他以爲女人是弱者，他以爲女人永遠心口不一，他以爲女人會纏著他，女人一定會要他負責的，我知道他的想法，因爲平日他也會談一些他的其他女人，別以爲這麼多年我沒有對他動過真情，沒有想過和他天長日久，或結爲夫婦之類的想法。只是我想他是有錢人，至少他的家族是有錢人，我不想向他投降，我想用我的意志力和他賭一把。

我是苦戀他的眾多女人中的一個，爲了他，時常恍神，算命，求神，甚至去求符，想去掉其它的桃花，甚至用任何可能的方式去查他的家族，他的工作，他的女人，所以

我知道他的家族是所謂的有錢人，他的廣告公司只是他向家族抗議的副產品而已。我儘可能的寬容、優雅、美麗和有品味，當然爲了欲擒故縱，有時也表現出一點點驕傲。甚至遇到他有意要談他家或其他我們之間的問題時，我都告訴他別忘了：我們只是逢場作戲，別太認真。

過了二年，他終於變成我的丈夫了，他向我輸誠，並不斷的地說他是非常非常愛我，愛到「死不放手」的地步。

現在又過了五年，我仍時常提醒他：「我們只要逢場作戲，別太認真。」

到目前他還愛著我，我不知道他會愛我多少，但我實在非常非常的愛他，時常請神明保佑我，希望他會永遠地愛我。

唉，以上是另一位心機女的愛情宣言！

為了留住他的愛，只要是他要求的，她都盡量的做到……

2 1 2 恐龍妹

慧娟在出版社工作，主編張博明是一個很有學問、品味、和個性的男人，他大約有一七五公分，鮮明的五官，挺拔的身材，充滿男性魅力；挺直的鼻樑，又架著一副金邊眼鏡，像民國初年的文人，超有氣質，文質彬彬的嚇死人，我們幾個編輯都喜歡他，甚至作者也喜歡他，但他從不在我們面前表態他到底喜歡誰。

慧娟也是喜歡他的其中一個，慧娟爲了他，時常在那個七，八個人的公司開火，煮午餐或晚餐，爲的只是想引起他的注意，給他深刻印象，不是說「要捉

住男人的心先捉住他的胃」嗎？當然其他的人，爲了討好他，也各展神通。這中間他也知道慧娟喜歡他。

其實慧娟也不算太差，至少可說是中等美女吧，無論是工作，長相，氣質，一切條件都還好，包括追求者也不少，但卻只喜歡他。

過了一年，他終於變成慧娟的男朋友了，和她開始談戀愛，慧娟非常愛他，愛到「死不放手」的地步，爲了留住他的愛，只要是他要求的，她都盡量的做到，只希望他會永遠地愛她。

後來公司缺人，慧娟介紹她大學的死黨陳佳莉進公司，於是她們成爲同事，陳佳莉大概只有一五三公分，體重有七十幾公斤，臉上有坑洞，尖尖的下巴，肚子很大，長得就像酪梨的樣子，她講起話來超大聲，沒講幾句，一定大聲的笑，她只要一笑，小小的辦公室時常嚇到人。當然她的食量也很嚇人，大到可以一餐吃兩個排

骨飯。她剛來台北沒地方住，就分租慧娟的房子住，據說她每天回家換下的衣服，竟可以把衣服直接脫下放在原地，如果是長褲，就可以看到兩個圈圈的腿型樣子，在她脫褲的原地；睡覺更誇張，鼾聲像打雷，每次睡到半夜都會被她吵到睡不著，想起來揍她。

由於她的超爽朗，和慧娟的柔弱正好成對比，平日她很有義氣，一副很保護慧娟的樣子。而她和慧娟的男朋友張博明一見如故，就像哥兒們一樣，時常從上班聊到下班，從公司聊到外面，有時晚上還可聊到天亮，他們聊什麼慧娟好像無法介入，且介入只會惹來他們的煽笑，由於妒忌，慧娟時常氣到不行，慧娟開始後悔介紹她來公司。

剛開始發現他們之間有曖昧，慧娟很驚慌逼問張博明，但他不承認。接著雖然他們行爲也儘量避著慧娟，後來她還是知道了，她知道之後，佳莉和張博明就不再避著她，一副真愛面前連謊言也懶得掩飾的樣子，慧娟看到他們出現在面前，就氣死了，

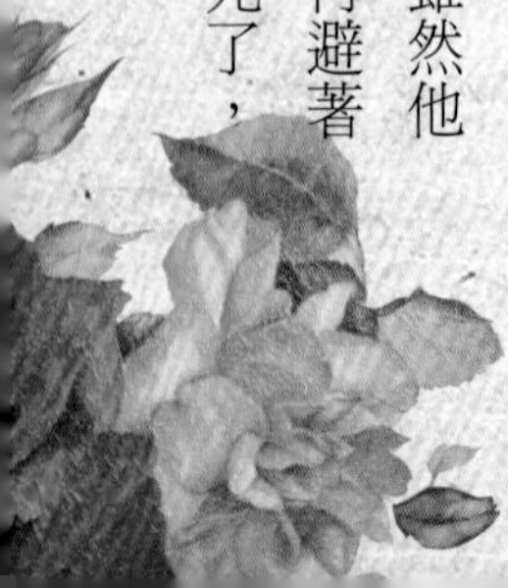

她竟輸給一個恐龍妹？叫她怎麼接受啊？真想一刀殺了他們，也想殺了自己。

慧娟要張博明給一個答案，他便很直接地說：「何必呢？妳應該認清事情真相是什麼？事情真相就是她比妳適合我。」慧娟聽了這樣的結果非常地痛苦，痛澈心肺的痛，整夜不能睡的痛，但不管她怎麼掙扎，也不管怎麼哀求，張博明總以冷漠絕情的臉對她，仍堅持選擇他的恐龍妹。慧娟沒有辦法勉強他，所以就離職走了，佳莉也搬出和慧娟分租的房子。

過了幾年，慧娟找到了真命天子，生活過得還好，才有勇氣去看他們。他們爽朗依舊，契合依舊，看到他們仍如此恩愛，慧娟也能夠釋懷了，長談之下，她們又做回了朋友。

愛情，真的發生在西施的眼裡！

事情真相就是她比妳適合我……

不必訴說，憑著氣息
就能找到對方……

213 跨年

二〇一一年的十二月三十一日，我和公司同事七、八個人相約一起去中正紀念堂跨年。

六點多的時候，大家一起去吃火鍋，吃好火鍋已經快十點了，因爲公司就中正紀念堂旁邊，所以我們一行人又回到公司歡聚。

好不容易到十一點了，大家出發走向中正紀念堂，從公園路走下去，就到景福門往下走，從景福就可以看見大中至正了，越往大中至正人越多，快到十一點半的時候，才走到大中至正大門底下，但是想要擠就很難了，但我們還是手牽手

走著走著，不斷往前擠。

隨著音樂聲越來越大，人越來越擠，我們握緊的手，有時也會放掉，但很快又握起來。

只是，忽然音樂聲更大了，我們開始聽不到周圍的聲音了，握緊的手也被人潮沖散了，但我們憑著感覺，很快的又握到彼此的手，握得緊緊的往前衝，衝著，衝著已很靠近舞台了，然後我們等著，等著……10、9、8、7、6、5、4、3、2、1——我們興奮極了，啊，啊的大叫，但手並沒有放鬆。

但過度的興奮，我和男朋友，就把握著的單手，改成了面對面的雙手緊握，但刹時，發現，他不是我男朋友，他是一個陌生人。

原來，不知幾時，我和男朋友分散了，我錯握了別人的手，結果……結果到今天，這個陌生人成了我男朋友。

人與人之間感覺的密碼有實很奇怪的，不必訴說，憑著氣息就能找到對方。

分 手 後 的 智 慧

至少已經證明：

「愛過了。」

214

前女友和前男友，妄想的無限延伸！

在雅婷開心的偕著新男友漫步在忠孝東路時，周圍的人群好像都見證了兩情相悅的幸福，當這無限延伸的幸福正沿著ＳＯＧＯ走向繁華時，迎面來了個人卻是雅婷再熟悉不過的人——宇廷。那個曾經相約五年的前男友！

時間和空氣好像一時都凝結了，凍住的不是前男友和前女友的心，而是雅婷正挽著新情人智揚的手，一時有安尬的情結不知道該如何處理！

智揚好像還反應不過來，雅婷爲何走著走著便停下來發呆，但看見宇廷的表情和衝過來的動作，立刻就清楚了一切——因爲智揚衝過來一把捉住雅婷：「跟我走！」，說著往前拖著雅婷，要她跟自己走！但雅婷死拉著智揚不放手，眼神正期待著智揚前來英雄救美。

如果場景變成了：「好久不見，你過得好嗎？」；「咖啡還喝卡布基諾嗎？」；「看到你現在很好我就放心了，要好好的照顧自己！」再介紹一下新男友，這和前面是全然不同的結局，爲什麼有這麼不同的結局呢？那就是分手的智慧了！

前男友和前女友，這個幾乎每個人愛情的過程中，一生中可能都有好幾個，對於前男友或前女友來說，不管如何總是曾經相愛的二個人，會相愛一定有原因；會分手更是有原因，既然相愛了又分手，那至少已經證明：「已經愛過了。」，「已經有過！」，「已經有緣無份了」，好好愛，就要好好分，對於有緣無份的感情，如果沒有智慧好好分手，有時造成的傷害是無可彌補，如何不傷人，留個好結局，讓無緣的感情可以讓妄想無限延伸，夢也可以無限延伸！

215

六個皇帝搶一個女人，優質女人的教母！

歷史上四大美女和傾國傾城的女人不計其數，但在改朝換代中，讓六位不同君主都愛上的女人，古往今來大概只有蕭皇后。

蕭皇后到底長得怎樣？有麼多嬌媚迷人，除了史書上的敘述之外，真的無從憑說。但只要從她已年近五十歲，還被大唐開國君主李世民苦苦熱戀，非搶進後宮珍藏不可，就可知道她的魅力。

蕭皇后出生那年，北周的楊堅當上隋文帝，他的兒子晉王楊廣戰功顯赫，文帝除了給他加官晉爵外，還爲他選妃。誰知道安排好的眾美女沒人能中楊廣的意，唯獨剛滿九歲的蕭氏女，天生八字姻緣天成，楊廣一眼就看中她到了開皇十三年就迫不及待的把她娶進門了，當時楊廣二十五歲，新娘剛滿十三歲。

洞房花燭夜，楊廣心花怒放地把嬌羞萬狀的小王妃擁進懷裡，把蕭妃視爲自己命中的福星，對她珍愛備至。

楊廣繼位後稱隋煬帝，荒淫無度，當李淵、李密、竇建德趁他遊揚州時舉兵起義，此時楊廣的大將宇文化及早就戀慕蕭氏女很久了，決定率領禁軍造反，殺了五十歲的隋煬帝，並且以蕭氏女的兒子性命作爲要挾，逼她做了自己的偏房。並且帶著蕭皇后退守魏縣，自立爲許帝，改封蕭皇后爲淑妃。

不久在中原起兵的竇建德，在聊城殺死了宇文化及，接收了宇文化及的金銀珠寶之外，對於美艷高貴的蕭皇后更不肯放過，於是把宇文化及的淑妃變成了自己的王妃。

但是竇建德有個醋缸級的原配夫人，她常在他們兩人「雲雨巫山」時，突然頂著超大號燈泡冒出來撒潑，弄得竇建德離她更遠，更愛蕭氏女。直到北方突厥人的勢力逼入中原，遠嫁給突厥可汗和親的隋煬帝的妹妹、蕭皇后的小姑義成公主，打聽到蕭皇后的下落，就派使者來迎接蕭皇后，竇建德不敢跟突厥人正面對抗，只好乖乖地把蕭皇后及皇族的人交給來使。

此時蕭皇后不想居然會移民到國外——突厥。但天生麗質難自棄，在突厥，她的魅力依然是把無往不勝的利劍，一舉戳穿了突厥父子兩代元首處羅可汗和頡利可汗的心。時勢到此，命運已經不能由她自己掌握了，於是，蕭氏女便由隋朝天子的皇后變成了番王的愛妃。

後來，老番王死了，由頡利可汗繼位，按突厥人的風俗，蕭皇后又被新任番王接手了。

十年後，也就是唐太宗貞觀四年，唐朝大將李靖打敗突厥，索回了蕭皇后。這時蕭皇后已到四十八歲大嬸般的超齡熟女了，而唐太宗李世民卻只是三十三歲輕熟男，但蕭氏女進宮時，李世民見她頭髮像雲髻，秀眉如彎月，腰似楊柳般輕柔，臉艷如牡丹嬌美，眼眸流盼快電死人，這樣的儀態萬千，完全沒有四十八歲應有的老

態，比一般的少女還多一份獨到的成熟誘人的風韻，才華蓋世的李世民簡直看呆了，看著她楚楚可憐的樣子，不想愛死她都不可能。

李世民在迷戀她各種美的霧裡（內在美、知性美、體態美、溫柔婉約美……），顧不得年齡的懸殊姐弟戀，更不在乎世人的幽幽批評，於是不顧一切封她爲昭容，蕭氏女也就成了大唐天子的嬪妃。

李世民爲她舉辦了盛大的婚禮，華麗的宮燈，輕曼的歌舞，山珍海味，金銀珠玉，唐太宗以豪奢的財貨來討她的歡心，婚禮上問她：「卿以爲眼前場面與隋宮相比如何？」

其實這樣的排場，和以奢華聞名的隋宮相比，還天差地遠，隋宮夜宴時懸掛在宮牆的超大夜明珠就有一百二十顆，常設有好幾座火焰山，單單焚燒的檀香及香料就可使夜裡宮殿光亮的像白天，……但蕭昭容聽到李世民的問話，只淡淡地說：「陛下乃開基立業的君王，亡國之君沒法和您相比哩！」唐太宗一聽，對她的智慧更佩服的五體投地，那種言語裡對李世民的體貼與讚賞，想不疼愛她都不行。

綜觀蕭皇后的一生，活得可真夠本。一個女人，從十三歲嫁給隋朝當王妃開始，經歷了六位丈夫，從少女、熟女、大嬸一直到老娘，直到她六十七歲去逝將近六十年都倍受寵愛，這可以證明一個女人的美，不止是年輕而已，有智慧與美感才經得起時間考驗的美！

第3部

憂鬱年代

憂鬱引發的原因，來自無法自我處理的情緒，此時如果心中有寄託，例如：創作，談天，旅遊等等，也許把注意力放在別的地方，那樣就不會一直在乎那個鬱悶的情緒了……

301

憂鬱症

憂鬱症是現代文明病，引發的原因千奇百怪，原因不足奇，也不重要，重要的是如何走出憂鬱的困擾！因爲憂鬱症輕的可能影響自己心態平衡，稍重會影響家人朋友或同事，更嚴重的有些作自殘，除了藥了治療之外！尋找寄託方式也是不錯的選擇。

蝶古巴特創作對憂鬱症有什麼用處呢？不知道，可以知道的是：憂鬱引發的原因，來自無法自我處理的情緒，此時如

用創作疏發心情

沈浸在蝶古巴特的創作裡，漸漸不在意……

果心中有寄託，例如：創作，談天，旅遊等等，也許把注意力放在別的地方，那樣就不會一直在乎那個鬱悶的情緒了。

大圓女也曾十分消沉過，但就大圓女個人來說，沈浸在蝶古巴特的創作裡，由於十分投入創作，所以漸漸不在意憂鬱的情形，沒想到這樣過了一段時間，只在乎專心創作，竟忘了曾有憂鬱這件事了！

大圓女想把自己的心路歷程，和大家分享……

302

一個女兒許給十個男人

從前，從前有一個人口很少的村莊，名字叫做八思村，那裡最有錢的員外王維力，他只有一個女兒，女兒長得很可愛，也沒有；很凶，也沒有，只是平凡的中等美女，大家都叫她王平凨。

平凨對美醜沒有太大慾望，因爲老爸王維力的錢，把她打扮的美若天仙。長著長著也十八了，於是王維力想爲她找個男人當老公。

於是從滿十八歲的那一天開始，王維力只要見到未婚男人又有點錢便說：你很好

哦！我很希望把女兒嫁給你哦！

每一個初次聽到他這話的人，都欣喜若狂，於是開始討好王維力，準備做他的女婿。但是逢人便許配女兒的情形只增沒減，日後一日，年復一年，歲月已過十年，王維力的女婿已從一人到十人到百人……到……只是王平風還沒嫁出去。

王維力的口頭女婿們到了王平風二十八歲了，還沒一個人得勝。女婿們也從互毆中慢慢變成了朋友，只是對於成爲王平風丈夫這件事大家都不提了。

這日，王維力遇到一個叫曾國平的人，這是之前沒提過要成爲他女婿的人提起，希望對方娶他女兒，但對方在王維力一開口時，便說：你不要再玩我們了，我還要忙。然後頭也不回的走了。王平風還是沒嫁出去，其實每次王維力許配女兒給人，只是想以此爲餌，希望賺到較多的利益而已，但這次王維力真的有心想把女兒託付給這個曾國平，但……

303 我心中的天王 RAIN

我最喜歡的偶像是南韓 RAIN。那個超人氣，超強的小南韓，南韓，說他小，他真的很小，那是以中國的觀點看他們；但是以台灣的觀點來看，其實他們很大，至少比台灣大。

那樣說，南韓在我們這些五年級的人來說，先前受中國爲中心的教育，現在改成以台灣爲主的觀點，所以南韓變的不大不小，又大又小。但大小真的不是問題，問題是：南韓到底做了什麼？才短短四年，就能把台灣拋的遠遠的，把原來領先南韓的台灣，一下就比得頭抬不起來了。

我們可以從南韓在聯合國提出的專利看看，也許可以找出答案。

一是：南韓提出：端午節是他們的文化資產。已獲得聯合國同意，申請成功。

二是：他們提出孔子是他們的祖先。目前正在申請中，還沒有成功。

這到底是怎樣回事啊？端午節變成了他們的文化資產。孔子也要變成他們的祖先了。他們到底要幹嘛？搶著要這些幹嘛？不知道他們要幹嘛，只知道他們國家越來越強了。

而台灣一直去中國化，只要講唱衰啦，衰小啦，不然你來捉我啦，本土化，好像光守著民粹，即使沒有斯文也沒關係。人受教育就是要學斯文，學禮貌，學做人，學好了這些，人才能知道怎樣才能真正做好一個人，做好一個

和自己相處好，心情穩定，自然大家都快樂。

人的意思就是，和自己，也別人都能相處的很好，和自己相處好，心情穩定，自然行爲有序，舉止有禮，和別人也會好相處，和別人相處好，大家都快樂，努力在工作上、在生活上，那樣的和諧，才有積極向上的力量，這樣社會安定，國家當然強。

做爲一個家長，要保護自己的家，創造家人的幸福，不是不停的表演自己。如果能汲取韓國人想要搶奪的孔子，端午節和其他中國文化，因爲我們先天比人強，不用打，韓國也搶不過我們。

要有禮貌，行爲舉止要斯文，想想你幹碓人很爽，別人聽到這樣粗俗的話，也爽嗎？

我相信真誠而有禮貌的講話聽起來才會爽的，但如果粗俗這麼爽，既然那麼愛粗俗，不愛禮貌，所以就粗俗好了。

我要掰掰了，我要學Rain，我相信只要把孔子搶回來，Rain會喜歡我的，粗俗留給粗俗的，我要去買ＬＶ包包，學作優雅了。

304 西藥房

小五有皮膚病，尤其是香港腳，二十年來從沒有斷過根，漸漸地也從腳漫延到手，跨下，和身體其他部位。那種癢是很難忍受的，小五不是不想去大醫院看病，也看過，只是沒有效果，況且每看一次都須大半天，結果還是拿一些藥膏回來擦，和到西藥房買類固醇的藥其實是沒有兩樣的。

小五於是到巷口那家西藥房買藥，也已經買了快二十年了，巷口這家西藥房是一家老字號的西藥房，裡面的服務人員都穿著白色的醫生袍，不管男生或女生，看起來都非常高貴和專業，說起話來和醫生的口吻差不多，那就是一副「老子說話，你不能打折」的模樣。

小五初次來買藥，說明了要買香港腳的藥，並說了要買電視廣告的○○○藥膏，服務人員聽了之後，便說：「○○○一條一百三十五元，這種藥只是廣告做得大，效果其實並不好，這種大廠都把錢花廣告費上，效果還不如這種好」。說著便在櫃子裡拿了一條寫滿英文字的藥膏給小五，小五問：「多少錢？」，美麗且專業的小姐便說兩百元，小五想了一下反正有效最重要嘛！只好掏錢買了。

諸如此類的情況一直重復，只是可能偶爾有換不同英文字的藥膏，但價格總在兩百至兩百五元之間，於是N年過去了，小五的香港腳非但沒有好，漸漸地也有了香港手，跨下癢，甚至關節都開始癢了，最難忍受的是跨下，後來竟嚴重到，已起了大片水泡，任它多美麗的小姐拿的都少英文字的類固醇都沒有效果，這天小五實在沒辦法了，下定決心要去看醫生了。上網查了一下，結果正好遇到週六，日，醫生休息。這下可好了。頭大。實在沒法，只好抱著姑且一試的心理，再到西藥房買成藥，只是這次他決心買他一直沒有試過，但一直想買的電視廣告中的「○○○」，所以不管美麗且專業的小姐這次如何介紹別的藥膏他都不動心，執意買了他所想的買○○○了，買回去之後馬上就擦，並且擦了厚厚一片。

擦了藥的小五，躺在床上一邊感受搔癢，一邊發呆，等著等著便睡著了，一覺醒來，竟然沒有刺痛的癢了，於是小五便持續的擦，感覺越來越好了，一個禮拜後，竟然連水泡都消失了。

小五一時不能適應二十年的宿疾就這樣一天一天減少，一天一天的好了。真是丈二金剛，摸不著頭緒，正在小五百思不解的時候，把這個問題問了西藥業務耳朵哥，耳朵哥告訴他，你這個豬頭，笨啊！西藥房拿雜牌藥廠的成本低，折扣高，大廠的折扣低，介紹您買一條雜牌的藥膏，賺的比大廠的一條最少兩倍，當然他要你買雜牌的呀。

這下小五算是清楚了。只是花了二十年的時間、不知花了多少錢，和病情加重。

真不知道該相信誰說的話？

305 假面人

我是一個快樂的假面人，我的名字是朋友阿帥幫我取的，我問過他，假面人是什麼意思？他說了一堆，什麼都說了，只有實話沒有告訴我，我很想知道原因，但他又不肯說，我很失望。我想他叫我假面人的原因，應該是我快樂的笑聲吧？

我們蝶古巴特教坊裡有位阿帥，是一個才子，幽默，風趣，創作功力好又長的帥，老天有點不公平，他還很會打籃球，一副明星的樣子，那種帥氣，真的可以殺死人。他幫我們班上每個人都分好了幫派，也取好了綽號，大部分的同學都被分成一幫一幫，比如說嫩妹幫，瘋浪幫，大嬸幫，黑狗幫，夜店幫，烏托幫……大家都是兩三人或三四人或四五人一幫，唯獨我一人是假面幫。爲什麼大家都有伴，唯獨我是一個人呢？

我的假面幫就只有我一個人，那麼少的幫眾，如果要和人幹架，怎麼打嘛，他真是不公平，竟然讓我以一人敵萬人。

剛開始的時候我很難過，但後來我就很快樂了，因爲你想嘛，千萬人我獨往；一夫當關，萬夫莫敵；一以貫之；……凡是以一稱的都是可以克服，不，是征服種種困難的，所以雖然假面幫只有我一人，這只可以證明我有另類想法，是與眾不同的，一定是因爲他了解我平日不怎麼想傷害別人的自尊，才會以假面對待人的，尤其他了解我不想讓人難堪的用心。

其實我是一個凡事只要問天、問地、問良心，如果上面三者都問過後，就能心安理得做每一件事的人，別人怎麼批評好像聽不見，也不在乎別人怎麼說。

不過也許阿帥，真的是批評我，認爲我是很假的人，但真人又是什麼呢？世界上的人肯說真話的又有幾人？我怎麼做事？我怎麼生活？人和我的分際我該守在那裡？聽聽音樂，掛掛網，忙於我的創作，忙於我的生活，不想和別人分享我的心，也不想干涉別人的喜樂，除非有事要我幫忙，否則只想活在自己的世界裡，這……也算有錯嗎？

其實他給我什麼評語，我仍有一點點難過啦，但不怪他，因爲我雖不怎麼贊同他的話，可是誓死捍衛他說話的自由。

做一個孤單的假面人，多了很多獨處的寧靜，也少了很多和別人往來產生的紛爭。

我是快樂假面人

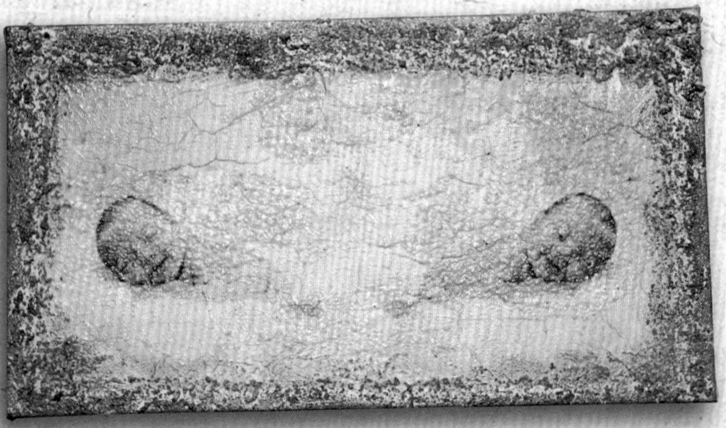

我必需自己躲起來療傷止痛，所以只能活在我自己的世界裡……

306

愛他，就從拋棄他開始！

一個四十五歲離婚的女人來找大圓，她說她要離婚了！但她真不想離婚，希望男人知道她在乎，希望男生能回頭，希望她男人給她一點希望。但男生不要，男生只想要外遇女，對外遇女人付錢很大方，那怕回家只吃泡麵也可以。至於多看一眼大老婆，怕有魔鬼，沒命地想往外逃。

男人平日喜歡去參加各種聯誼，不是爲了事業，不是爲了生意，而是爲了有機會劈腿，早先還以爲女人什麼都不知道，如果能在夜歸前打電話報個平安，就算對女人莫大恩惠了。

女人有一天終於發現男人有外遇，於是來找大圓女商討對策，雙圓女了解的狀況後，於是……如此，如此，這般，這般……傳授了秘笈給朋友女。

女人回去後，把男人有外遇女的事都悶在心裡不說出來，一切像是沒什麼改變，唯一改變最大的是——平日如連珠炮罵男人的話，完全都省了。每天下班回家只在家做蝶古巴特創作。

一天、二天、一週、二週、一月、二月、天天如此，離婚女沒再開口咆哮男人的不是，也沒有管男人幾點回來，更沒問男人現在在什麼地方，反倒好像忘了有男人這件事了。男人開始時覺得有點怪，但很開心，因爲回家不必再聽到刺耳的責備聲，尤其時日漸漸久，越來越覺得很怪，有時禁不住好奇，也想問女人怎麼了？但無論他問女人什麼，女人都只微微笑，說：「沒事啦，你不要亂想！」

男人除了看見女人一天一天做著蝶古巴特的作品，換掉了桌面，換掉了椅子，牆上也掛滿了蝶古巴特壁畫，除此之外，男人只發現女人每天穿不同新衣服，佩戴不同包包出門，打扮的越來氣質越內斂，只有問她話多，她回答的卻少，男人，再不提離婚了，反靦靦的看女人，有時囁囁地說：您……還好吧？女人只淡淡地說：沒事，只去逛街！我會想你！

愛情的城堡是個高貴的地方，並不是人人能住得起。

女人雖說會想男人，但男人隱隱有點不相信，認爲女人……可能有外遇，從此晚出早歸，專心回家顧女人。

這是怎麼回事啊？女人不懂來問大圓女，大圓女說：愛情的城堡是個高貴的地方，並不是人人能住得起，如果你沒在這裡用功去學習，那相愛容易，相處難！很快愛情的城堡就掛了。

那女人到底要怎樣才能讓男人迷戀？是身材？穿著？美貌？還是錢？哦，都是。都不是，重要的事，用你的心捉住對方飄散的靈魂，讓男人只想緊靠你，別無他想。

至於愛情城堡的法門，其實很簡單，女人對男人來說，從可愛心中的女神變成想逃走的巫婆，其實很近，只差在當時的決定？—。

女人的話開始多的那一天開始，公主就變惡魔了。女人爲什麼永遠有說不完的話，唸不完的事，一再又一再重覆的話，誰聽了不逃走啊！沒聽古人說，沈默是金嗎？開口是銀……

話說得太多，所有美感都沒了，話一再重覆，什麼耐性也磨完，女人只剩下柴米油鹽和雜唸。請問還有誰待得住？愛情的城堡就難保了，奉勸天下美女，話真的要少說重點就好表情柔媚，男人，少管他。

女人不去管男人，男人怕把自己搞丟了，不敢跑遠的。

307 一家人

成員一個二個或三個或更多，你家就是我家嗎？昨天正當我開心的沈浸在彩繪新的作品時，我的手機響起來了，由於創作的高潮延續未消退，所以手機的鈴聲怎麼響我也聽不見。

我仍開心的畫了又畫，塗了又塗，塗塗摸摸正快樂的不得了，手機的鈴聲像發怒般，仍然不死心的響著。

耐不住那響了又響的聲音，也畫到了一個段落，於是接起手機來，問問對方什麼事來著，幹麻奪命連環扣啊？

接起電話，原來是一位教坊的學生，她是一位發生

過車禍的身障者，車禍前她是一家美容連鎖店的負人，車禍後頸部以下全身癱瘓，但車禍癱瘓掉她的身體，並沒有癱瘓掉她的人生，她仍是女強人，只是由美容院老闆，出書後變成了演講大師，人生依然燦爛！

這樣一位女強人，此刻電話那頭傳來的卻是哭泣聲，這倒嚇了雙圓女一大跳：「女強人幹嘛哭啊！」只聽她娓娓地訴說，自從她成爲講師賺了不少錢之後，離婚獨居的姐姐搬來和她們同住，由於之前姐姐嫌棄過她老公，於是她老公對姐姐也有嫌隙，那天，姐姐和老公的戰火又爲了小事燃起，姐姐不斷在她耳邊抱怨她老公的不是，她老公爲了姐姐住在家裡也氣到不回家。面對老公和姐姐的不協調，她真是煩透了，尤其今早她老公一氣之下跑走了，臨出門時還對她說：如果她姐姐一天不走，他就不回來！

面對這樣的僵局，於是女強人狂扣雙圓女給他點安慰，也給她點意見！

這麼簡單的問題，教雙圓女怎麼說呢？爲了讓女強人明白，雙圓女於是問她：「誰才是你的一家人？」，「認清了誰是你的一家人後，先取得一家人一致的看法，然後和一家人一起商討出一個對策，處理「外人」的問題，將他們依親疏關係個個擊破，問題就能化解了不是？」這是雙圓女給她的建議！

原生家庭和夫家，誰才是一家人，雖然事實上二方都是一家人，但處理的順序卻不同，五倫中夫婦才是家庭的主軸，夫婦能對一個問題取得共識，再去解決家族的問題，應是比較順暢的方式。

女強人聽後開心的掛了電話，但不知雙圓女的觀點對女強人有沒有用？

第4部

缺角娃娃的愛

角落媽媽沒有悲傷的權利，只有把每一天當作最後一天，用智慧來帶領缺角的女孩。女孩就像一杯萃取不足的58度C咖啡。

401 木匠爸爸的創作——形塑中的缺角娃娃

刻刀游刃有餘的劃出深淺不一的輪廓，眼神是雕刻手最敏感連結到腦部的共譜曲，而由腦部透過手的力度表現出的神韻，傳達出力與美的勾痕。

沉默的木匠爸爸，每天給平淡的生活空間，增添出生命中藝術之美，也宅出了家人們的生活美學，更將女孩娃娃塑出一片生命的新天地，他，努力一輩子就是爲了牽絆著，無法走出象牙塔的女孩娃娃。

每當與刻刀對話，槌劃出心裡的放不下，眼神中對女娃的疼痛。從不感知到累與不捨，每每在那木槌中敲打，日復一日揮之不去的汗與淚中穿梭著，女孩可知雕刻手創作的生命，叩叩聲中帶著萬般期待。

娃兒，也許你懂，或許不知，但是妳一定明白木匠爸爸爲娃兒付出的一切。給予生命，不代表一切，那缺了角的一塊空洞，需要用什麼來彌補完成。畢竟技藝再高超，也無法將刻裂痕修補如當初般的完美。雖然有時木匠爸爸常常自找安慰說：「心愛的娃兒是完整無缺生活藝術品」。但這只代表了女娃是自己的心頭肉，代表了另一章生命樂譜，而愛的色彩更像大自然協調的美，春、夏、秋、冬都是女娃能感覺到的喜、怒、哀、樂，而木匠爸爸只能在有缺角的一塊，補足完美、讓遺憾減到最低，此時女娃隨著季節律動波折走過每一天，而木匠爸爸還是努力修補不足的那個角落。

組成修補的情感

402 58度C的美麗新世界

考試58分不及格，人生58分不算白活，學習在58分是有待努力，而人生還有許多58分……

缺角娃娃已漸漸長大成美麗女孩了，只是很多的東西像美貌，女孩有85分；像身材或許有95分，長得八頭身，靜處的她真是擁有無敵的清純美，現在社會或學校，那裡還可以找到如此單純的女孩？

只是身爲她的母親卻是一位永遠的角落媽媽，因爲她只能躲在角落看著女孩生活中的一切點滴，眼看著長得這麼美的女兒，卻有著殘缺的智慧，想到不知的未來，常不經意的流下眼淚——有悲、有喜、有痛、有不捨，更有一種莫名的擔心！

缺角娃娃是個可愛女孩，原本只是一個小感冒，醫生的不小心（打針藥劑過量）讓女孩生命從此改變了軌道被判定智力遲緩，從小媽媽陪著她上特教小學，特教國中，一直

妳是美人兒，妳現在已經很棒了.!

到特教高中畢業後，木匠爸爸擔心她的未來，將存款全數投入爲女孩蓋了間咖啡館，好讓她有工作，也有謀生能力，木匠爸爸要把缺角女孩不足的部分慢慢填補起來，怎麼努力總停格在58分，就如同58度的開水沖泡紅茶會有顏色，但喝起來味道不夠甘醇，雖然加入鮮奶變成可口的奶茶，但仍常常會有無力感。

想想58度的水泡咖啡會怎樣？因爲木匠爸爸與角落媽媽討論之後，問女孩：「你認爲，你是什麼樣的女孩？」，看她思索了一下，（很高興她會停了下來，想著如何回答，這代表她會思考），輕聲的說：「我覺得自己很美，也想交男朋友，可是一定沒有人會喜歡我。唉呀！反正我是極品啦！現在我已學會了很多事情，只是目錄上的字還是記不起來，（聲音越來越微弱）……」，接著她便莫名哭的像個淚人兒。角落媽媽急抱著女孩說：「妳這麼漂亮的眼睛爲什麼會掉下珍珠？快點撿起來！妳是美人兒，妳現在已經很棒了！」而木匠爸爸低頭走回自己的工作室，鐵槌的聲音傳導出他的疼與不捨。原來58度的水是不能泡咖啡，因爲有色無味。

角落媽媽沒有悲傷的權利，只有把每一天當作最後一天，用智慧來帶領缺角的女孩。女孩就像一杯萃取不足的58度咖啡。

403 點、線、面——設計圖的奏鳴曲

點、線、面，在設計圖上是每天要滑動的，是角落媽媽二十八年來不停地在做的工作，從一個點到一條線，再連接成整個面，然後設計圖才能在細節裡完成。一如人的生活，從一個人，一個家庭到家庭成員，如何過一生的種種細節，才是完整圖形成爲有用或沒用的設計圖。

說來一點也不難，但有趣的是，點，線，面的組合卻有無限可能，正如同一個家庭，一個人到二人結婚，到生兒育女，一如想到一個女孩在二十四年前，也是在這樣男人女人組合下來到人世間，相同由一個點，誕生了生命。

木 工 基 礎 步 驟

1. 丈量

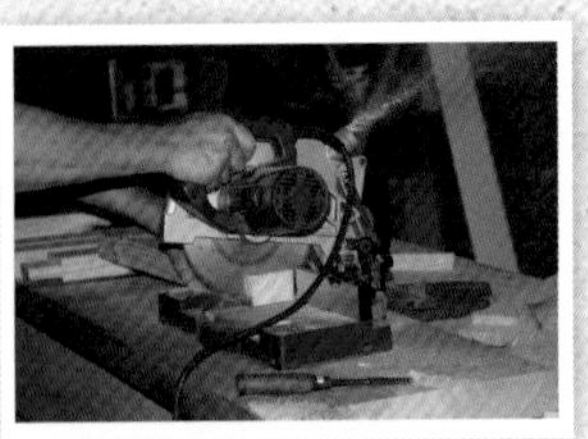
2. 裁切

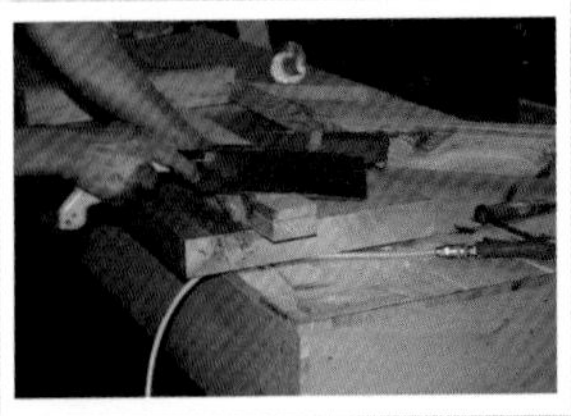
3. 零件製作

4. 拼接

5. 加工

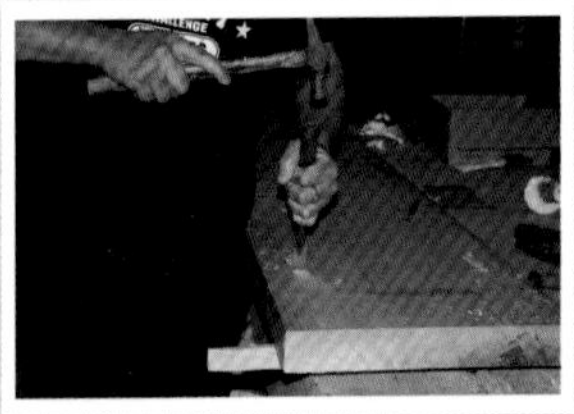
6. 組裝

大工告成。

對於這張設計圖，不管用於木工創作，還是用心於家庭，兩者木匠爸爸都要付出。前者經由用心巧手可得到家庭很多的肯定，也是換取生活的籌碼，後者給的是歡笑，甜蜜深層的快樂。前者木匠工作經過三十年，更有成就及綿延不斷的創作力，後者二十四年來只有更疼更愛，更是多一份不捨還有沉重的擔心，不知如何來形容這種感覺，只有放慢腳步，和緩生命的鬆緊度，把角落媽媽的點、線、面理論放在教女孩的經營生活方式。

不經意讓工作與養兒育女兩者的慢靈魂，彈奏出波動優美的奏鳴曲，填上詞可以更完整極地走向完美。

step 1

選擇剪裁題材。

step 2

構圖與布局擺放完成後，黏貼。

一起來蝶古巴特

step 3

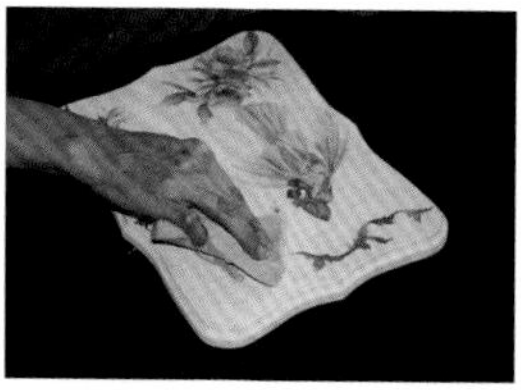

用海綿輕拍，固定。

step 4

塗上保護亮光漆，作品完成。

阿 里 曼 藝 術 工 房

當角落的亮熄滅就是缺角白點發光的時刻……

404

無瑕的純白

當人前正談論著初戀的酸甜滋味、雀躍不已時，角落裡的缺角女孩，似懂非懂眼中有著隱隱的茫然。想加入話題卻無從提問，欲言又止卻張著嘴仍在期待——歡樂談論中的一些人會關注到她。

缺角女孩，常常在期待中失落，在懂與不懂的談論中陪著大家笑。我站在角落觀察女孩，觀望生命可高談闊論一群年輕揚逸的工讀生，就如園中的花蝴蝶，想自由的飛翔，回過頭看缺角女孩就像春天油菜花田中的白粉蝶，東飛飛西飛飛除了黃色的花田襯出女孩的單純美以外，沒有多餘想法。此刻角落媽媽非常的悲傷與不捨，眼睛模糊了視線跟隨著小白粉蝶，尋找著更多同伴。油菜花的黃已看不出是塊狀或是一區亦是一片只有那個白點牽動著。角落媽媽內心的起伏，深怕一轉眼，小白粉蝶被風吹倒，找不著角落媽媽怎麼辦。

缺角女孩想飛但沒有自信，只要角落媽媽說：放心吧！你永遠會在我模糊世界裡，因你無暇的白，就是最美的光點，也是缺角與角落生命連續體，當角落的亮點熄滅就是缺角白點發光的時刻。

如果家裡有位缺角娃娃，您也是個角落媽媽，您又如何對待那個天使呢？

樹上鳥兒讓女孩懂了音符，旋律生命的新樂章。

405 重瓣的玫瑰

重瓣的玫瑰，含苞吐蕊，搖曳姿態就像家中的女孩般，不識字的女孩常對著園中的玫瑰說，你開的好美，但再過幾天就會掉落，所以趁著花盛開，每天都要跟你說說話，因爲我沒有朋友，也不懂很多事，可是我跟你一樣很美，只可惜你會掉落，而我要等很久才有新的玫瑰花做朋友，很謝謝玫瑰媽媽，常常將美麗的玫瑰花送給我，當我最美麗的朋友，我一定記得常常要給妳水喝，給你肥料，我就不斷有新的朋友，我是個不會寂寞的女孩了。

當我在角落看到，缺角娃娃對著重辨玫瑰說話，這個畫面我真令我淚如雨下，我是女孩的媽媽，可是我沒有辦法像玫瑰媽媽那樣，一直給他有新玫瑰當朋友，此時的我就像即將掉落花瓣的玫瑰，色彩不再炫麗，只要風一吹就會掉落在地面慢慢的歸于大自然，想到了現實面，未來可怕的是，如果我也如玫瑰般掉落消失，缺角娃娃又該如何面對人生。

想到了這些，現在我想要像牡丹花一樣，每年春天開一次，年年改變一個方式，引領女孩走出寂寞孤單人生，玫瑰媽媽永遠爲女孩帶來新朋友，牡丹媽媽收拾起內心波動，牽著女孩在庭園中找尋另外的朋友，等著走在有一群麻雀停在樹上吱吱喳喳，不一會女孩開口向樹上的鳥兒說，小鳥你們好回頭告訴牡丹媽媽，竊喜閃亮眼神堅定說，我又有朋友了，乍聽之下很替她高興，但是心痛已不知所然，感謝樹上鳥兒讓女孩懂了音符、旋律生命中又有新的樂章。

406

黑與白的對話

單身的男公寓裡，眼前見到一大面黑牆，點綴性的白色線條，簡單而明瞭串連著人性中最不爲人知聯想空間，閃爍腦中孤獨寂寞一絲內心悸動。

透過格柵屏風的微光，映在冷製的方格中的方格光影，是藝術的另一種美還是被框住靈魂，角落中的輕色彩是否還有著律動搖擺，難道生活中黑就黑，白就是白嗎?就如同盲人歌手，內心有著美麗的色彩，但永遠只有一片黑在他的世界裡，很想知道他除了黑之外，可否存在微弱白，也想知道寂寞中的渴望是什麼？

美學的色彩到底要什麼細節的人、事、物，而懂的又會是誰？也許只有歌聲帶著小豆芽，跳著不一樣旋律，哼舞著美麗的詞，牽著有心人將黑與白揮灑，在介定中間的人們，一或是沉醉的舞者身上，深景而放大感，每段的跳動都存在黑的訴說，白的亮點也更讓人樂在其中。

無法改變的卻是，你是熊！

407 玫瑰的饗宴——不要熊吻我！

玫瑰的嬌媃和美艷，實在沒有惹了誰，如果你只是遠遠的欣賞我，其實我也不會太介意！但，其實我有潔僻，你隨便的親吻，對我是莫大的磨難。

其實您看起來還好，妝扮也還算整潔，除了身上還算高檔的衣著外，搭配鞋和頭上的妝飾，還算得體。但，雖然你打扮的這麼有品味，無法改變的卻是，你是熊！

在美的世界裡，也許你也自許自己是衣著

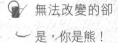

高貴，面目姣好，是個有程度的上流社會人士。你也談品味，你也談美學，你重禮儀，但骨子裡是附庸風雅？還是真正能品味出美的滋味？這個世界，不肯認真培養美學素養，又想充當有品味的人，真還多哩！

美好的作品，是上蒼傑作，美艷的玫瑰，自己開心於自己的世界，你能想像？

在你是熊以前，或者，在你仍是熊以前，請不要熊吻我！

408 卡布奇諾的詩談

諾大的八框玻璃門，用槍托替代的門把，襯出主人的另類美學，推門進入，天花板別無長物，只吊著閃亮水晶燈，到底要訴說甚麼呢？

不知不覺，空氣飄來一陣咖啡香，原來這味道就是要告訴訪客，這裡所藏的秘密，手中旋轉晃動牛奶咖啡，說另一個故事，愛與美和藝術的一種對談，當夕陽由窗外灑進地面梁黃的地板，說明內心對愛的律動，濃烈折射與色彩共譜著舞的光影，晃動輕綴，飲著手中的卡布奇諾，口中感覺到兩者的濃情，朗讀著愛的詩篇，這一切由如自然簡單質樸的生活藝術美學，告訴我婚姻要像手中的咖啡香醇馥郁在姿意的每一天。

與您相約——

阿里曼人文咖啡